普通高等教育工程训练通识课程系列规划教材
普通高等教育"十二五"规划教材

电子电路课程设计基础实训

主　编　刘　斌

副主编　康文炜　程　禹

机械工业出版社

本书是根据高等院校理工类本科电气类、电子信息类、自动化类专业电子电路教学基本要求编写的，是一本集应用性、综合性为一体的实践教材。

本书基于理论与实践并重的思想，在内容的安排上注重实践应用能力的基础训练，让学生自己动手设计、安装、焊接、调试和维修一些电气与电子设备，可以巩固所学的基础知识，掌握基本技能，提高学生的观察能力、逻辑思维能力及分析问题、解决问题的能力，同时，还可以提高学生使用相关电子仪器设备的能力和电子组装工艺的水平，培养社会需要的操作型、技能型、实用型的人才。

全书分为2篇，共9章，最后有3个附录。第1篇为电子电路课程设计基础知识，包括电子电路的基本设计方法与步骤，电子电路课程设计的组装、调试与总结，电子测量仪器的使用。第2篇为电子电路课程设计的内容，包括基本元器件的识别、检测与选用，基本焊接技术操作实训，单元电路焊接和参数的测量，电路课程设计，电子技术课程设计，电子工艺实习中的具体设计方法等内容。附录中收集了常用元件的基本信息并列出了部分历年全国大学生电子设计竞赛试题作为参考。

本书可作为高等学校电气类、电子信息类、自动化类学生进行课程设计、电子工艺实习、实训的教材，也可作为小型课程设计教材和开展第二课堂活动的参考书。

图书在版编目（CIP）数据

电子电路课程设计基础实训/刘斌主编 .—北京：机械工业出版社，2013.7（2017.8 重印）

普通高等教育工程训练通识课程系列规划教材　普通高等教育"十二五"规划教材

ISBN 978-7-111-43136-7

Ⅰ.①电…　Ⅱ.①刘…　Ⅲ.①电子电路 – 课程设计 – 高等学校 – 教材　Ⅳ.①TN710

中国版本图书馆 CIP 数据核字（2013）第 146487 号

机械工业出版社（北京市百万庄大街 22 号　邮政编码 100037）
策划编辑：吉　玲　责任编辑：吉　玲　王雅新
版式设计：霍永明　责任校对：张　媛
封面设计：张　静　责任印制：李　飞
北京机工印刷厂印刷（三河市南杨庄国丰装订厂装订）
2017 年 8 月第 1 版第 3 次印刷
184mm × 260mm · 8.25 印张 · 191 千字
标准书号：ISBN 978-7-111-43136-7
定价：18.50 元

凡购本书，如有缺页、倒页、脱页，由本社发行部调换

电话服务　　　　　　　　　　网络服务
社服务中心：(010) 88361066　教材网：http://www.cmpedu.com
销售一部：(010) 68326294　机工官网：http://www.cmpbook.com
销售二部：(010) 88379649　机工官博：http://weibo.com/cmp1952
读者购书热线：(010) 88379203　封面无防伪标均为盗版

前　　言

面向 21 世纪的电子技术教学，应当重基础、重设计、重创新，为此，应在"电子技术基础实验"基础上增加"电子电路课程设计"的实践教学环节。通过电子电路设计，不仅可以训练学生的设计思想、设计技能、调试技能与实验研究技能，还可以提高学生的自学能力以及运用基础理论去解决工程实际问题的能力，培养学生的创新能力，提高学生的全面素质。

本书在章节的编排和内容的选取上，尽量做到零基础起步，采用从原理到实践，最后到系统设计的方法，使得电类基础薄弱的读者也能尽快掌握电子电路课程设计中的设计、焊接、安装、调试及维修过程。

"电子电路课程设计基础实训"作为"电子技术基础实验"、"电路理论分析实验"课程的一部分，其设计实训内容仍然是以电子技术基础的基本理论为指导，将涉及的课题项目分为基础型、系统设计型和拓展创新型三个层次。其中基础型是指电子电路的基本单元电路的设计与调试，而系统设计型是指由若干个模、数基本单元电路组成并能完成一定功能的应用电路的设计与调试，拓展创新型是把现有的相对应的课程实验项目内容延伸、扩展到综合训练的创新项目中，也就是把开放性综合训练项目与教学内容相结合。

课程设计与综合设计实验是电气类、电子信息类、自动化类专业重要的实践课程，本书在电路的设计、制作、测量与调试方法、安装与焊接工艺以及故障分析和设备维修技巧等实用技能方面，力求注重学生综合素质、创新意识的培养。通过从验证性实验转移到加强基本技能的训练，从小单元局部电路为主的实验转移到多模块、综合系统实验，从单一的实验室内实验形式转移到课上课下、实验室内外的多元化实验形式，培养学生自主学习的能力和分析问题、解决问题的能力。为此，应对学生进行一定的电子技术综合实训，以培养学生迅速适应微电子技术、计算机技术等科学技术飞速发展的工程实际需要。

全书共分 9 章，从 7 个方面进行训练，内容包括常用电子元器件的识别与选用、电路课程设计、电子技术课程设计、电子工艺实习的设计方法、实用电子线路的制作、印制电路板的设计与制作、安装和焊接工艺等内容。内容设置既符合教学大纲要求，又贴近工程实际；既加强基本技能的训练，又突出综合技能的提高。附录 A 是集成电路应用常识的基本信息，附录 B 是常用数字集成电路引脚图，附录 C 收集了部分历届全国大学生电子设计竞赛试题。

本书由刘斌担任主编，康文炜和程禹担任副主编。康晓涛编写了第 1 章，康文炜编写了第 3 章，刘明山编写了第 4 章，程禹编写了第 5 章，陈万忠编写了第 7 章的 7.1 节、7.2 节，吴微编写了第 8 章的 8.1 节，杨晓萍编写了第 8 章的 8.2 节，李娟编写了第 9 章的 9.1 节、

9.2 节，林琳编写了附录 A，刘洋编写了附录 B，其余部分由刘斌编写并统稿。本书编写过程中参考了许多电子电路专家的著作，谨向作者致以崇高的敬意。

本书的出版得到了吉林大学本科"十二五"规划教材立项支持。

由于编者水平有限，书中难免有不妥和疏漏之处，衷心希望读者和专家同行批评、指正。

编　者

于吉林大学

目　　录

第1篇　电子电路的基础知识

电子技术基础课程设计包括选择课题、电子电路设计、焊接、组装、调试和撰写总结报告等实践环节。本篇介绍电子电路课程设计的有关基础知识。

第1章　电子电路的基本设计方法与步骤

在设计一个常用的电子电路系统、装置时，首先必须明确系统的设计任务，根据任务进行方案选择，然后对方案中的各个部分进行单元电路的设计、参数计算和器件选择，最后将各部分连接在一起，画出一个符合设计要求的完整的系统电路图，一般按图1.1所示的电子电路设计的基本方法与步骤示意图进行设计。但电子电路的种类很多，实现的功能很多，器件选择的灵活性很大，因此设计方法和步骤也会因不同情况而有所区别。有些步骤需要交叉进行，甚至反复多次，设计者应根据具体情况灵活掌握。

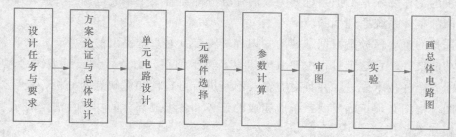

图1.1　电子电路课程设计的基本方法与步骤示意图

1.1　电子电路课程设计的基本要求

课程设计是通过阶段课程的教学环节之后进行的，其内容是把现有的相对应的课程实验项目内容延伸、扩展到综合训练的创新项目中。课程设计应使学生达到以下要求：

1）初步掌握一般电子电路分析和设计的基本方法。包括：根据设计任务和指标，初选电路，经调查研究、设计计算，确定电路方案；选择元器件，安装电路，独立安排实验，调试改进；分析实验结果的过程，写出设计报告。

2）培养一定的自学能力、独立分析问题、解决问题的能力、创新意识和创新能力。包括：学会自己分析解决问题的方法，对设计中遇到的问题，能通过独立思考、拓展思维、查阅工具书及参考文献，寻找答案；掌握一些电路调试的一般规律，实践中出现一般故障，能通过"接触，判断，试验，再判断"的基本方法去解决；能对实验结果独立地进行分析、评价。

3）掌握普通电子电路的生产流程以及安装、布线、焊接等操作过程。

4）巩固常用电子仪器的正确使用方法，包括对数字万用表、示波器、直流稳压电源、信号发生器等能正确使用；掌握常用电子元器件和电路的测试技能。

5）通过严格的科学训练和课程设计实践，使学生逐步树立严肃认真、一丝不苟、实事求是的科学作风，并培养学生在实际工作中的生产观念、经济观念和全局观念。

1.2 总体设计的基本过程

所谓总体设计是指针对所提出的任务、要求和条件，用具有一定功能的若干单元电路构成一个整体，来实现系统的各项性能。显然，符合要求的总体设计方案不止一个，应该针对设计的任务和要求，查阅资料，利用掌握的知识提出几种不同的可行性方案，然后逐个分析每个方案的优缺点，加以比较，进行方案论证，择优选用。

在方案的选择过程中，可用框图表示总的原理电路。框图不必画得过于详细，只要能正确反映各组成部分的功能和系统应完成的任务即可。

1.3 总体方案论证及选择

这一步的工作要求是，把系统要完成的任务分配给若干个单元电路，并画出一个能表示各单元功能的整体系统原理框图。

方案选择的重要任务是根据掌握的知识和资料，针对系统提出的任务、要求和条件，完成系统的功能设计。在这个过程中要敢于探索，勇于创新，力争做到设计方案合理、可靠、经济、功能齐全、技术先进。并且对方案要不断进行可行性和优缺点的分析，最后设计出一个完整框图。框图必须正确反映系统应完成的任务和各组成部分的功能，清楚表示系统的基本组成和相互关系。

1.4 单元电路的设计

单元电路是整个系统的一部分，只有把各单元电路设计好才能提高整体设计水平。每个单元电路设计前都需明确本单元电路的任务，详细拟定出单元电路的性能指标、与前后级之间的关系，分析电路的组成形式。具体设计时，可以模仿成熟的先进的电路，也可以进行创新或改进，但都必须保证性能要求。而且，不仅单元电路本身要设计合理，各单元电路间也要互相配合，注意各部分的衔接输入信号、输出信号和控制信号的关系。

1.4.1 单元电路设计的一般步骤

根据设计要求和已选定的总体方案原理图，明确对各单元电路的要求，详细拟定各单元电路的性能指标，注意各单元电路输入信号、输出信号、控制信号之间的关系与相互配合，注意尽量少用或不用电平转换之类的接口电路。

1.4.2　单元电路设计的结构形式

在选择单元电路的结构形式时，最简单的办法是从过去学过的和所了解的电路中选择一个合适的电路。同时还应去查阅各种资料，通过学习、比较来寻找更好的电路形式。一个好的电路结构应该满足性能指标的要求，功能齐全，结构简单、合理，技术先进等。

1.5　元器件选择及参数计算

电子电路的设计，从某种意义上来讲，就是选择最合适的元器件。不仅在设计单元电路，计算参数时要考虑选什么样的元器件合适，而且在提出方案，分析、比较方案的优缺点（方案论证）时，也要先考虑选用哪些元器件以及它们的性价比如何。因此，在设计过程中，选择好元器件是很重要的一步。

1.5.1　参数计算

为保证单元电路达到功能指标要求，就需要用电子技术知识对参数进行计算，例如，放大电路中各电阻值、放大倍数的计算；振荡器中电阻、电容、振荡频率等参数的计算。只有很好地理解电路的工作原理，正确利用计算公式，计算的参数才能满足设计要求。

参数计算时，同一电路可能有几组数据，注意选择一组能完成电路设计要求的功能、在实践中真正可行的参数。

计算电路参数时应注意下列问题：

1）元器件的工作电流、电压、频率和功耗等参数应能满足电路指标的要求；

2）元器件的极限参数必须保留足够的裕量，一般应大于额定值的 1.5 倍；

3）电阻和电容的参数应选计算值附近的标称值。

1.5.2　参数选择

1. 阻容元件的选择

电阻和电容种类很多，正确选择电阻和电容是很重要的。不同的电路对电阻和电容性能要求也不同。有些电路对电容的漏电要求很严，还有些电路对电阻、电容的性能和容量要求很高。例如滤波电路中常用大容量（$100 \sim 3000\,\mu F$）铝电解电容，为滤掉高频通常还需并联小容量（$0.01 \sim 0.1\,\mu F$）瓷片电容。设计时要根据电路的要求选择性能和参数合适的阻容元件，并注意功耗、容量、频率和耐压范围是否满足要求。

2. 分立器件的选择

分立器件包括二极管、晶体三极管、场效应管、光电二（三）极管、晶闸管等。根据其用途分别进行选择。

选择器件种类不同，注意事项也不同。例如选择晶体三极管时，首先注意是选择 NPN 型还是 PNP 型管，是高频管还是低频管，是大功率管还是小功率管。并注意管子的参数 P_{CM}

（最大允许耗散功率）、I_{CM}（最大输出平均电流）、BV_{CEO}（基极开路，CE 结击穿电压）、BV_{EBO}（集电极开路，EB 结击穿电压）、I_{CBO}（基极接地，发射极对地开路，在规定的 U_{CB} 反向电压条件下的集电极与基极之间的反向截止电流）、β（电流放大倍数）、f_T（特征频率）和 f_β（共射极截止频率）是否满足电路设计指标的要求，高频工作时，要求 $f_T=(5\sim10)f$，f 为工作频率。

3. 集成电路的选择

由于集成电路可以实现很多单元电路甚至整体电路的功能，所以选择用集成电路来设计单元电路和总体电路既方便又灵活，它不仅使系统体积缩小，而且性能可靠，便于调试及运用，在设计电路时颇受欢迎。

集成电路有模拟集成电路和数字集成电路。国内外已生产出大量集成电路，器件的型号、原理、功能、特性可查阅有关手册。

选择的集成电路不仅要在功能和特性上实现设计方案，而且要满足功耗、电压、速度、价格等多方面的要求。

1.6 总体电路图的绘制

在完成单元电路的设计、参数计算、器件选择之后，下一步应该画出总体电路图。为详细表示设计的总体电路及各单元电路的连接关系，设计时需绘制完整电路图。

电路图通常是在系统框图、单元电路设计、参数计算和器件选择的基础上绘制的，它是组装、调试和维修的依据。绘制电路图时要注意以下几点：

1）布局合理、排列均匀、图面清晰、便于看图、有利于对图的理解和阅读。有时一个总电路由几部分组成，绘图时应尽量把总电路图画在一张图样上。如果电路比较复杂，需绘制几张图，则应把主电路图画在同一张图样上，而把一些比较独立或次要的部分画在另外的图样上，并在图的断口两端做上标记，标出信号从一张图到另一张图的引出点和引入点，以此说明各图纸在电路连线之间的关系。

有时为了强调并便于看清各单元电路的功能关系，每一个功能单元电路的元件应集中布置在一起，并尽可能按工作顺序排列。

2）注意信号的流向，一般从输入端或信号源画起，由左至右或由上至下按信号的流向依次画出各单元电路，而反馈通路的信号流向则与此相反。

3）图形符号要标准，图中应加适当的标注。图形符号表示器件的项目或概念。电路图中的中、大规模集成电路器件，一般用方框表示，在方框中标出它的型号，在方框的边线两侧标出每根线的功能名称和引脚号。除中、大规模器件外，其余元器件符号应当标准化。

4）连接线应为直线，并且交叉和折弯应最少。通常连接线可以水平布置或垂直布置，一般不画斜线。互相连通的交叉线，应在交叉处用圆点表示。根据需要，可以在连接线上加注信号名或其他标记，表示其功能或去向。有的连线可用符号表示，例如器件的电源一般标电源电压的数值，地线用符号 $\perp$ 表示。

设计的电路是否能满足设计要求，还必须通过组装、调试进行验证。

第2章 电子电路课程设计的组装、调试与总结

电子电路的设计、安装、调试在电子工程技术中占有很重要的地位，它是把理论付诸于实践的过程，也是知识转化为能力的一种重要途径。当然这一过程也是对理论设计做出检验、修改，使之更加完善的过程。安装调试工作能否顺利进行，除了与设计者掌握的调试测量技术、对测试仪器的熟练使用程度以及对所设计电路理论的掌握水平等有关之外，还与设计者工作中的认真、仔细、耐心的态度有关。

2.1 电子电路的组装

电子电路基础课程设计中组装通常采用焊接和实验板或实验箱上插接两种方式。焊接组装利于提高焊接技术，但器件可重复利用率低。在实验板或实验箱上组装，插接、调试方便，器件可重复利用率高。装配前必须对元器件进行性能参数测试。根据设计任务的不同，有时需要进行 PCB（印制电路板）设计制作，并在 PCB 上进行装配调试。实验室一般采用插接组装法，若需做成产品，可在电路调试无误后，制作 PCB 进行焊接。插接电路时，应注意以下几点：①应根据电路原理图确定元器件在插接板上的位置，并依据信号流向将元器件顺序连接，以便于调试。②插接集成电路时，应注意方向性，不得插错，不得随意弯曲引脚。③导线选择要合理，尺寸要与插孔直径一致，一般通过颜色区别不同用途，例如正电源用红色线，负电源用蓝色线，地线用黑色线，信号线用其他颜色线；导线布线要合理，尽量横向和竖向布线，避免接触不良，注意共地问题，不要跨接在集成电路上（要从周围绕过）。正确的组装方法和合理的布局，不仅使电路整齐美观，而且能提高电路工作的可靠性，便于检查和排除故障。

2.2 电子电路的调试

电子电路的调试方法通常有以下两种：

1）边安装边调试的方法。把一个总电路按框图上的功能分成若干单元电路，分别进行安装和调试。在完成各单元电路调试的基础上逐步扩大安装和调试的范围，最后完成整机调试。对于新设计的电路，此方法既便于调试，又可及时发现和解决问题。该方法适合在课程设计中采用。

2）整个电路安装完毕，实行一次性调试的方法。这种方法适用于定型产品。

调试时应注意做好调试记录，准确记录电路各部分的测试数据和波形，以便于分析和运行时参考。一般步骤如下：

（1）通电前检查

电路安装完毕，首先直观检查电路各部分接线是否正确，检查电源、地线、信号线、元器件引脚之间有无短路，器件有无接错。

（2）通电检查

接入电路所要求的电源电压，观察电路中各部分器件有无异常现象。如果出现异常现象则应立即关断电源，待排除故障后方可重新通电。

（3）单元电路调试

在调试单元电路时应明确本部分的调试要求，按调试要求测试性能指标和观察波形。调试顺序按信号的流向进行，这样可以把前面调试过的输出信号作为后一级的输入信号，为最后的整体联调创造条件。电路调试包括静态和动态调试，通过调试掌握必要的数据、波形、现象，然后对电路进行分析、判断，排除故障，完成调试要求。

（4）整机联调

各单元电路调试完成后就为整机调试打下了基础。整体联调时应观察各单元电路连接后各级之间的信号关系，主要观察动态结果，检查电路的性能和参数，分析测量的数据和波形是否符合设计要求，对发现的故障和问题及时采取处理措施。

电路故障的排除可以按下述 8 种方法进行：

1）信号寻迹法。寻找电路故障时，一般可以按信号的流程逐级进行。从电路的输入端口加入适当的信号，用示波器或电压表等一起逐级检查信号在电路内各部分传输的情况，根据电路的工作原理分析电路的功能是否正常，如果有问题，应及时处理。调试电路时也可以从输出级向输入级倒推进行，信号从最后一级电路的输入端加入，观察输出端是否正常，然后逐级将适当信号加入前面一级电路输入端，继续进行检查。这里所指的"适当信号"是指频率、电压幅值等参数满足电路要求的信号，这样才能使调试顺利进行。

2）对分法。把有故障的电路分为两部分，先检测这两部分中究竟是哪部分有故障，然后再对有故障的部分对分检测，直到找出故障为止。采用对分法可减少调试工作量。

3）分割测试法。对于一些有反馈的环形电路，如振荡器、稳压器等电路，它们各级的工作情况互相有牵连，这时可采取分割环路的方法，将反馈环去掉，然后逐级检查，可更快地查出故障部分。对自激震荡现象也可以用此方法检查。

4）电容旁路法。如遇电路发生自激震荡或寄生调幅等故障，检测时可用一只容量较大的电容并联到故障电路的输入或输出端，观察对故障现象的影响，据此分析故障的部位。在放大电路中，旁路电容失效或开路，使负反馈加强，输出量下降，此时用适当的电容并联在旁路电容两端，就可以看到输出幅度恢复正常，也就可以断定是旁路电容的问题。这种检查可能要多处试验才有结果，这时要细心分析可能引起故障的原因。这种方法也用来检查电源滤波和去耦电路的故障。

5）对比法。将有问题的电路的状态、参数与相同的正常电路进行逐项对比。此方法可以较快地从异常的参数中分析出故障。

6）替代法。用已调试好的单元电路替代有故障或有疑问的相同的单元电路（注意共地），这样可以很快判断故障部位。有时元器件的故障不很明显，如电容漏电、电阻变质、晶体管和集成电路性能下降等，这时用相同规格的优质元器件逐一替代实验，就可以具体地判断故障点，加快查找故障点的速度，提高调试效率。

7）静态测试法。故障部位找到后，要确定是哪一个或哪几个元件有问题，最常用的就是静态测试法和动态测试法。静态测试是用万用表测试电阻值是否正常、电容是否漏电、电路是否短路或断路、晶体管和集成电路的各引脚是否正常等。这种测试是在电路不加信号时进行的，所以叫静态测试。通过这种测试可发现元器件的故障。

8）动态测试法。当静态测试还不能发现故障原因时，可以采用动态测试法。测试时在电路输入端加上适当的信号再测试元器件的工作情况，观察电路的工作状况，分析、判别故障原因。

组装电路要认真细心，要有严谨的科学作风。安装电路要注意合理布局。调试电路要注意正确使用测量仪器，系统各部分要"共地"，调试过程中要不断跟踪和记录观察的现象、测量的数据和波形。通过组装调试电路，发现问题、解决问题，提高设计水平，圆满地完成设计任务。

2.3　课程设计总结报告

编写课程设计的总结报告是对学生写科学论文和科研总结报告能力的训练。通过写报告，不仅把设计、焊接、组装、调试的内容进行全面总结，而且把实践内容上升到理论高度。总结报告应包括以下几点：

1）课题名称。

2）内容摘要。

3）设计任务及主要技术指标和要求。

4）选定方案的论证及整体电路的工作原理。

5）比较和选定设计的系统方案，画出系统框图。

6）单元电路设计、参数计算和器件选择。

7）按国家有关标准画出完整的电路图，并说明电路的工作原理。

8）组装调试的内容。包括：使用的主要仪器和仪表，调试电路的方法和技巧，测试的数据和波形以及与计算结果的比较分析，调试中出现的故障、原因及排除方法。

9）总结设计电路的特点和方案的优缺点，指出课题的核心及实用价值，提出改进意见和创新点。

10）列出系统需要的元器件明细表。

11）列出参考文献。

12）收获体会、存在的问题和进一步的改进意见等。

2.4　课程设计评定成绩

课程设计结束后，教师将根据以下几方面来评定成绩。

1）设计方案的正确性与合理性。

2）设计动手能力（安装工艺水平、调试中分析解决问题的能力）。

3）总结报告。

4）答辩情况（课题的论述和回答问题的情况）。

5）设计过程中的学习态度、工作作风和科学精神。

2.5 课程设计考核评分细则

评分细则如图 2.1 所示。

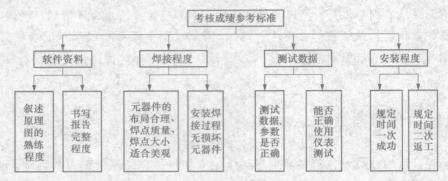

图 2.1 课程设计考核评分细则示意图

第3章　电子测量仪器的使用

3.1　万用表

万用表有时也被称为三用表——主要测量电压、电流、电阻。准确地说，它能够测量直流电压、交流电压、直流电流和电阻值，还能测量晶体管的直流放大倍数，检测二极管的极性，判别电子元器件的好坏，有的还可测量电容和其他参数。

万用表有指针式、数字式、台式三大类。指针式万用表小巧结实、经济耐用、灵敏度高，但读数精度稍差；数字式万用表则读数精确、显示直观、有过载保护，但价格较贵；台式万用表是针对高精度、多功能、自动测量的用户需求而设计的产品。

3.1.1　DT95/DT92 系列数字万用表

数字万用表以大规模集成电路、双积分 A/D（模/数）转换器为核心，配以全功能过载保护电路，可用来测量直流和交流电压、电流、电阻、电容、二极管、晶体管、温度、频率、电路通断等。功能选择具有 32 个量程。量程与 LCD 显示值有一定的对应关系：选择一个量程，如果量程是一位数，则 LCD 上显示一位整数，小数点后显示三位小数；如果是两位数，则 LCD 上显示两位整数，小数点后显示两位小数；如果是三位数，则 LCD 上显示三位整数，小数点后显示一位小数；如果是四位数，或量程指向交流电压挡 750 时，对应的 LCD 显示值没有小数。测试数据显示在 LCD 中；过量程时，LCD 的第一位显示 "1"，其他位没有显示；最大显示值为 1999（液晶显示的后三位可从 0 变到 9，第一位从 0 到 1 只有两种状态，这样的显示方式叫做三位半。

DT9205 数字万用表如图 3.1 所示。

（1）直流电压（DCV）测量

1）将黑色表笔插入 COM 插孔，红色表笔插入 VΩ ⁺插孔。

2）将功能开关置于 DCV 量程范围，将表笔并接在被测负载或信号源上，在显示电压读数时，同时会指示出红表笔的极性。

注意：

① 在测量之前不知被测电压的范围时应将功能开关置于最高量程档逐步调低。

② 当最高位显示 "1" 时，说明已超过量程，需调高一档，调档时应切断输入电压。

③ ⚠表示不要测量高于 1000V 的电压，虽然有可能读到读数，但可能会损坏内部电路。

④ 特别注意在测量高电压时，避免接触到超高压电路。

（2）交流电压 ACV 测量

1）将黑色表笔插入 COM 插孔，红色表笔插入 VΩ→插孔。

2）将功能开关置于 ACV 量程范围，将表笔并接在被测负载或信号源上。

注意：

① 见直流电压测试注意事项①、②、③。

② ⚠不要测量高于 750V（有效值）的电压，虽然有可能读到读数，但可能会损坏内部电路。

（3）直流电流（DCA）测量

1）将黑表笔插入 COM 插孔，当被测电流在 200mA 以下（9501/B 型在 2A 以下）时，红表笔插入 mA 插孔；如被测电流在 200mA～20A 之间（9501/B 型在 2～20A 之间），将红表笔移至 20A 插孔。

2）将功能开关置于 DCA 量程范围，测试笔串入被测电路中，在显示电流读数时，同时会指示出红表笔的极性。

图 3.1 DT9205 数字万用表

注意：

① 在测量之前不知被测电流的范围时应将功能开关置于高量程档逐步调低。

② 当最高位显示"1"时，说明已超过量程，需调高一档。

③ A 插口输入时，过载会将内装熔丝熔断，须予以更换，熔丝规格应为 0.2A（9501/B 型为 2A）。

④ 20A 插口没有用熔丝，测量时间应小于 15s。

（4）交流电流（ACA）测量

1）参看直流电流测量 1）。

2）将功能开关置于 ACA 量程范围，测试笔串入被测电路中。

注意：参看直流电流测量注意事项①、②、③、④。

（5）电阻（Ω）测量

1）将黑表笔插入 COM 插孔，红表笔插入 VΩ→插孔（注意：红表笔极性为"＋"）。

2）将功能开关置于所需 Ω 量程范围，将测试笔跨接在被测电阻上。

注意：

① 当输入开路时，会显示过量程状态，仅最高位显示"1"。

② 当被测电阻在 1MΩ 以上时，本表需数秒后方能稳定读数，对于高电阻测量这是正常的。

③ 检测在线电阻时，须确认被测电路已关断电源，同时电容已放完电，方能测量。

④ 测量高阻值电阻时应尽可能将电阻直接插入"VΩ→"和"COM"插口中，长线在高阻抗测量时容易干扰信号，使读数不稳。

⑤ 在使用 200MΩ 量程时，将表笔短路，仪表将显示 1.0MΩ，这是正常现象，不影响测量准确度，实测时应减去。例如被测电阻为 100MΩ，读数应为 101.0MΩ，则正确值应从

显示读数减去 1.0，即：101.0 − 1.0 = 100MΩ。

（6）电容 CAP 测量

1）将功能开关置于所需 CAP 量程范围，接上电容以前，显示可以缓慢地自动调零。对于 9503（04）/B 型表在 2nF 量程上剩余 10 个字以内是正常的（9518/B 型表需先调零）。

2）把测量电容连到电容输入插口 Cx（不用测试棒），有必要时注意极性连接。

注意：

①　测试单个电容时，把脚插进位于面板左下边的两个插孔中（插进测试孔之前电容务必放尽电）。

②　测试大电容时，注意在最后指示之前将会存在一定的滞后时间。

③　不要把一个带外部电压或已充好电的电容（特别是大电容）连接到测试端。

④　9501/B 型表无电容 CAP 测量功能。

（7）频率 Hz 测量

1）将黑表笔或屏蔽层插入 COM 插孔，红表笔或屏蔽电缆芯线插入 VΩ ⊶插孔。

2）将功能开关置于 Hz 档，把测试笔或电缆跨接在电源或负载之间。

注意：

①　⚠ 不得把大于 240V（有效值）的电压供给输入端，电压高于 100V（有效值）虽可显示出来，但可能超出技术指标。

②　在噪声环境中，对于小信号测试使用屏蔽电缆为好。

③　测量高压时使用外部衰减以避免与高压接触。

④　频率 Hz 测量功能仅限 9503（04）/B、9506/B、9508/B 型表。

（8）温度℃测量

测量温度时，把功能开关置于℃挡，并将热电偶传感器的冷端（自由端）插入温度测试孔中，热电偶的工作端（测温端）置于待测物上面或内部，可直接从显示器上读出温度值，读数单位为℃。

注意：

此功能仅限 9507/B、9508/B 型表，当热电偶插入温度测试孔后，自动显示被测温度，当热电偶传感器开路时显示常温。

（9）逻辑电平 LOGIC 测试

1）将黑表笔插入 COM 插孔，红表笔插入 VΩ ⊶。

2）将功能开关置于 LOGIC 挡，将黑表笔接入被测电路"地端"，红表笔接待测端。

当测试电平不小于 2.4V 时，逻辑电平显示"HIGH"（9508/B 型表显示"▲"）。

当测试电平不大于 0.7V 时，逻辑电平显示"LOW"（9508/B 型表显示"▼"），并发出蜂鸣声响。

当测试端开路时，逻辑电平显示"HIGH"。

注意：此功能仅限 9508/B 型表，在本档位置无信号时，显示器始终显示"OL"（9508/B 型表始终显示"1"），无超量程含义。

（10）晶体三极管 hFE 参数测试

1）将功能开关置于 hFE 档。

2）先认定晶体三极管是 PNP 型还是 NPN 型，然后再将被测管 E、B、C 三脚分别插入面板对应的晶体三极管插孔内。

3）显示的是 hFE 近似值，测试条件为基极电流约 $10\mu A$，U_{CE}（三极管集电极与发射极之间电压）约 2.8V。

（11）二极管*测试

1）将黑表笔插入 COM 插孔，红表笔插入 VΩ*（注意红表笔为内电路"＋"极）。

2）将功能开关置于*挡，将测试笔跨接在被测二极管上。

注意：

①　当输入端未接入，即开路时，显示值为过量程状态。

②　通过被测器件的电流为 1mA 左右。

③　显示值为正向压降伏特值，当二极管反接时则显示过量程状态。

（12）通断电测试：

1）将黑表笔插入 COM 插孔，红表笔插入 VΩ*。

2）将功能开关置于*档，将测试笔跨接在需检查电路的两端。

3）如被检查两点之间的阻值约小于 30Ω，蜂鸣器会发出声响。

注意：

①　当输入端未接入，即开路时，显示值为过量程状态。

②　被测电路必须在切断电源状态下检查通断，因为任何负载信号都将会使蜂鸣器发声，导致错误判断。

（13）数据保持功能

此功能仅限 9503（04）/B 型表，按下 HOLD 键，即使显示数据保持，以便读数、记录。释放即恢复状态。

（14）背光源功能

轻按 BACKLIGHT 键，可使背光源发光，以便在弱光情况下读数。背光源具有自动关断功能。背光源延时显示约 10s 后，会自动关闭显示电源。对于 9503（04）/B 型表，在测量时使用背光源，会产生跳字现象，影响测量准确度。因此在进行准确度测量时，建议不使用背光源功能。

（15）液晶显示屏幕视角选择

在一般使用条件下或存放时，显示屏可呈锁紧状态。当使用条件需要改变显示屏视角时，可用手指按压显示屏上的锁紧钮，并翻出显示屏，使其转到最适宜观察的角度。

3.1.2　DM3068 型台式数字万用表

DM3068 是一款 $6\frac{1}{2}$ 位双显数字万用表，它是针对高精度、多功能、自动测量的用户需求而设计的产品，集数字万用表基本测量功能、多种数学运算、任意传感器测量等功能于一身。

DM3068 拥有高清晰度的 256×64 点阵单色液晶显示屏、易于操作的键盘布置、清晰的按键背光和操作提示，使其更具灵活、易用的操作特点；标配 RS232、USB、LAN 和 GPIB 接口，并支持 U 盘存储、远程控制（Web 和 SCPI 命令）。

主要特色：

- 真正的 $6\frac{1}{2}$ 位读数分辨率
- 最小积分时间：0.006 PLC
- 双显示功能，可同时显示同一输入信号的两种特性
- "普通" 和 "预设" 双操作模式切换，"预设" 模式可快速调用预存配置
- 直流电压测量范围：−1050~1050V
- 直流电流测量范围：−10.5~10.5A
- 交流电压测量范围：True-RMS，0~787.5V
- 交流电流测量范围：True-RMS，0~10.5A
- 电阻测量范围：0~110MΩ；支持二线和四线电阻测量
- 电容测量范围：0~110mF
- 频率测量范围：3Hz~1MHz
- 连通性和二极管测试
- 自定义任意传感器测量及三种温度传感器测量：TC（热电偶）、RTD（热电阻）和 THERM（热敏电阻）
- 丰富的数学运算：统计（最大值、最小值、平均值、全部）、通过/失败、dBm、dB、相对测量，实时的趋势图及直方图显示功能
- U 盘存储数据和配置
- 丰富的接口：USB Device、USB Host、GPIB、RS232 和 LAN
- 支持 RIGOL DM3068、Agilent 34401A（且在此基础上进行了扩展）和 Fluke 45 的命令集
- 两种电源管理模式：禁用或启用前面板电源键
- 可保存 10 组系统配置和 5 组传感器配置至内部存储器并在需要时调用
- 配置克隆：将仪器的所有配置通过 U 盘备份或 "克隆" 到其他 DM3068
- 提供中英文菜单和在线帮助系统
- 功能强大的远程控制软件和任意传感器编辑软件

1. 面板布置和旋钮作用

DM3068 面板布置示意图如图 3.2 所示。

（1）USB Host 接口

用于连接 U 盘。通过该接口可以将当前的系统配置或测量数据存储到 U 盘中，并可以在需要时读取 U 盘中已存储的配置或数据。

（2）LCD

LCD 为高清晰度的 256×64 点阵单色液晶显示屏，显示当前功能的菜单和测量参数设

13

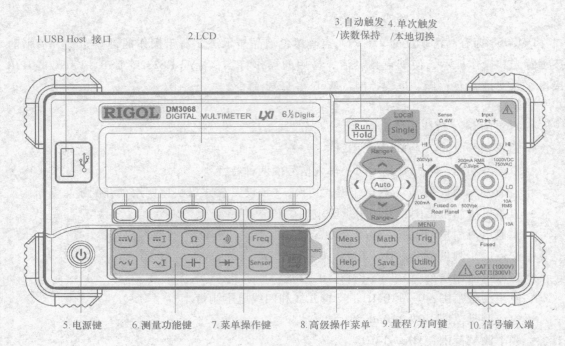

图 3.2　DM3068 面板布置示意图

置、系统状态以及提示消息等内容。

（3）自动触发/读数保持

按下该键可切换选择"自动触发"和"读数保持"功能。

自动触发：键灯常亮。万用表会以当前配置所允许的最快速度，连续读取读数。

读数保持：键灯闪烁。万用表获得稳定的读数并保持在屏幕上显示。

（4）单次触发/本地切换

万用表处于本地模式时，按下该键选择单次触发，万用表产生一个读数或指定个数（采样数）的读数，然后等待下一个触发。万用表处于远程模式时，按下该键将切换到本地模式。

（5）电源键

按下该键可启动或关闭万用表。您可以设置该按键的使用状态。方法如下：按 [Utility] →System→配置→前开关，选择"打开"或"关闭"。

（6）测量功能键

1）基本测量功能键：

[⎓V] 直流电压测量（DCV）。

[∼V] 交流电压测量（ACV）。

[⎓I] 直流电流测量（DCI）。

[∼I] 交流电流测量（ACI）。

[Ω] 电阻测量（Ω）。

[CAP] 电容测量（CAP）。

[CONT] 连通性测试（CONT）。

[DIODE] 二极管测试（DIODE）。

[Freq] 频率/周期测量（FREQ/PERIOD）。

[Sensor] 任意传感器测量（SENSOR）。支持的传感器类型包括：DCV、DCI、2WR、4WR、FREQ、TC（热电偶）、RTD（热电阻）、THERM（热敏电阻）。

2）常用功能键：

[Preset] 可快速存储或调用 10 组仪器设置。

[2ND] 第二功能键。用于打开双显功能；配合快速保存当前仪器配置；快速打开相对测量（REL）设置界面。

（7）菜单操作键

按下任一软键激活对应的菜单。

（8）高级操作菜单

[Meas] 提供各种测量功能下的测量参数设置。

[Math] 对测量结果进行数学运算（统计、P/F、dBm、dB、相对）并提供实时趋势图和直方图。

[Trig] 提供自动触发、单次触发、外部触发、电平触发；可设置读数保持；可设置每次触发的采样数目、读数前的延迟时间和触发输入信号的边沿；可设置触发输出。

[Save] 支持对内部存储区和外部 U 盘中的系统配置和测量数据等文件进行存储、调用和删除。

[Utility] 可选择万用表支持的命令集；配置接口参数；设置系统参数；执行自检、查看系统信息和错误消息。

[Help] 提供常用操作的帮助信息以及如何使用在线帮助的方法。万用表提供前面板任一按键和菜单软键的使用帮助。

（9）量程/方向键

[Auto] 按下该键启用自动量程。

配置测量参数；参数输入时，用于选择光标位置；按上（下）方向键手动增大（减小）测量量程；参数输入时，用于输入不同的数值；用于翻页。

（10）信号输入端

被测信号（器件）通过该输入端被接入万用表。不同被测对象的测量连接方法不同，具体请参考"测量连接"中的说明。

2. 用户界面

LCD 用户界面如图 3.3 所示。

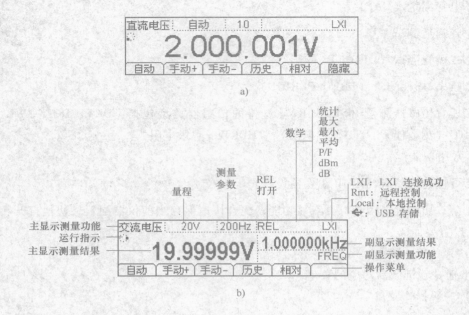

图 3.3　LCD 用户界面

a) 单显　b) 双显

本万用表提供多种测量功能。在选择所需的测量功能后，请按图 3.4 所示的方法将被测信号（器件）接入万用表。测量过程中，请勿随意切换测量功能，否则可能损害万用表。例如：当测量引线连接至电流插孔中时，请勿用其去测交流电压。

注意：为了避免损坏万用表，请务必遵循如下提示进行直流/交流电流测量。

1）10 A 和 LO Sense/200 mA 输入端子不允许同时被接入到电流测量回路中。

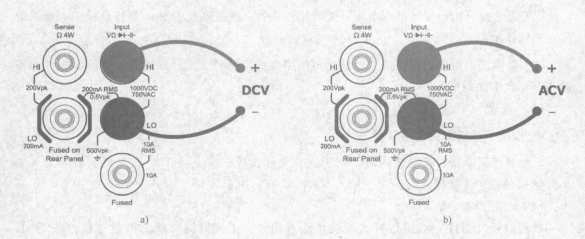

图 3.4　DM3068 测量连接示意图

a) 直流电压测量　b) 交流电压测量

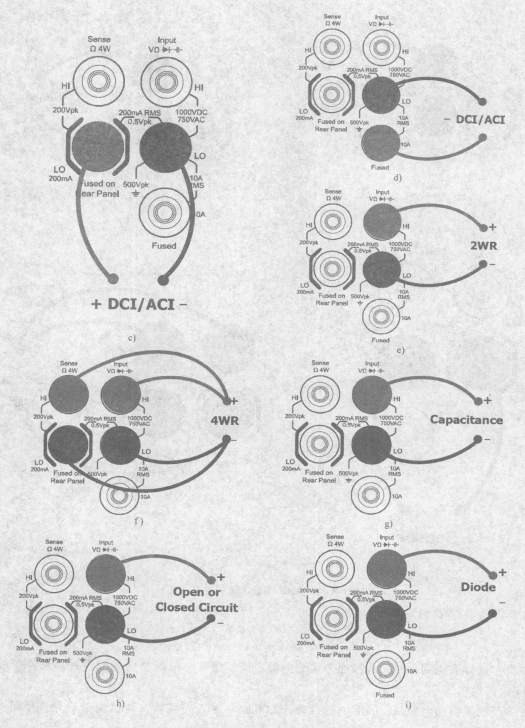

图 3.4 DM3068 测量连接示意图（续）

c）直流/交流电流测量（小电流） d）直流/交流电流测量（大电流） e）二线电阻测量

f）四线电阻测量 g）电容测量 h）连通性测量 i）二极管测量

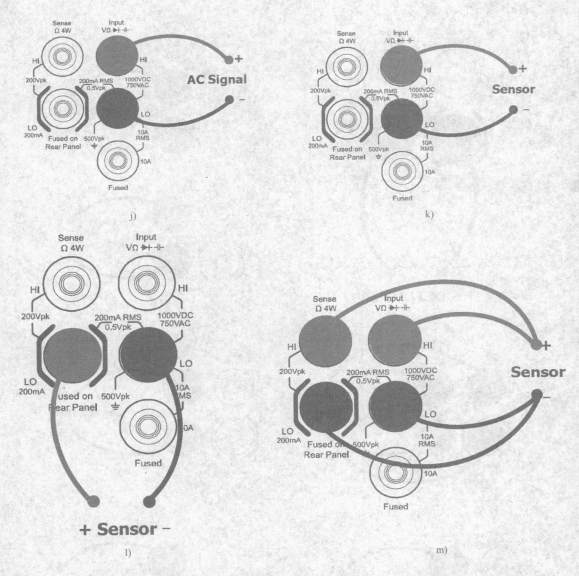

图 3.4　DM3068 测量连接示意图（续）

j）频率/周期测量　k）任意传感器测量（适用于 DCV、2WR、FREQ、TC、2W-RTD 和 2W-THERM 型传感器）

l）任意传感器测量（适用于 DCI 型传感器*）　m）任意传感器测量

（适用于 4WR、4W-RTD 和 4W-THERM 型传感器）

2）进行电流测量时，在接通万用表电源之前，请务必根据预期的电流大小选择正确的电流输入端子。

3）如果被测电流 AC + DC 有效值介于 200mA ~ 10A 范围内，测试测量只允许使用 10A 和 LO 端子。

注*：使用 DCI 型传感器之前，请首先按照图 3-41 连接，并按 ⌷⌷Ⅰ→mA，再设置其他参数。

3. 基本测量功能

（1）直流电压测量

量程：200mV、2V、20V、200V、1000V，最大分辨率：100nV（在 200mV 量程），输入保护：任意量程下均有 1000V 的输入保护。除 1000V 量程外所有量程均有 10% 的超量程。1000V 量程读数超过 1050V 时，显示"超出量程"。

（2）交流电压测量

量程：200mV、2V、20V、200V、750V，最大分辨率：100nV（在 200mV 量程），输入保护：任意量程下均有 750V 的输入保护。除 750V 量程外所有量程均有 10% 的超量程。750V 量程读数超过 787.5V 时，显示"超出量程"。

（3）直流电流测量

量程：200μA、2mA、20mA、200mA、2A、10A，最大分辨率：0.1nA（在 200μA 量程），输入保护：使用两种熔丝进行输入保护。后面板有小电流输入熔丝（500mA 快熔丝），仪器内置大电流输入保险丝（10A）。除 10A 量程外所有量程均有 10% 的超量程。10A 量程读数超过 10.5A 时，显示"超出量程"。

DM3068 对不同大小的输入电流分开处理以获得更准确的测量结果。测量 200mA 范围内的电流时，DM3068 使用小电流测量模式；测量 2A 及以上的电流时，DM3068 使用大电流模式。

（4）交流电流测量

量程：200μA、2mA、20mA、200mA、2A、10A，最大分辨率：0.1nA（在 200μA 量程），输入保护：使用两种熔丝进行输入保护。后面板有小电流输入熔丝（500mA 快熔丝），仪器内置大电流输入熔丝（10A）。除 10A 量程外所有量程均有 10% 的超量程。10A 量程读数超过 10.5A 时，显示"超出量程"。

DM3068 对不同大小的输入电流分开处理以获得更准确的测量结果。测量 200mA 范围内的电流时，DM3068 使用小电流测量模式；测量 2A 及以上的电流时，DM3068 使用大电流模式。

（5）电阻测量

量程：200Ω、2kΩ、20kΩ、200kΩ、1MΩ、10MΩ、100MΩ，最大分辨率：100μΩ（在 200Ω 量程），输入保护：任意量程下均有 1000V 的输入保护。所有量程均有 10% 的超量程。

DM3068 提供二线（2WR）和四线（4WR）两种电阻测量模式。当被测电阻阻值小于 100kΩ，测试引线的电阻和探针与测试点的接触电阻与被测电阻相比已不能忽略不计时，使用四线电阻测量模式可减小测量误差。

3.2　示波器

DS1000U 系列数字示波器产品是一款高性能指标、经济型的数字示波器。其前面板设计清晰直观，完全符合传统仪器的使用习惯，方便用户操作。为加速调整，便于测量，您可以直接使用 AUTO 键，将立即获得适合的波形显示和挡位设置。此外，高达 500MSa/s 的实时采样、10GSa/s 的等效采样率及强大的触发和分析能力，可帮助用户更快、更细致地观察、捕获和分析波形。

主要特色：

- 提供双模拟通道输入，最大 500MSa/s 实时采样率，10GSa/s 等效采样率
- 5.6 英寸 64k 色 TFT LCD，波形显示更加清晰
- 丰富的触发类型、独一无二的可调触发灵敏度，适合不同场合的需求
- 自动测量 22 种波形参数，具有自动光标跟踪测量功能
- 独特的波形录制和回放功能
- 精细的延迟扫描功能
- 内嵌 FFT 功能
- 拥有 4 种实用的数字滤波器：LPF、HPF、BPF、BRF
- Pass/Fail 检测功能，可通过光电隔离的 Pass/Fail 端口输出检测结果
- 多重波形数学运算功能
- 提供功能强大的上位机应用软件 UltraScope
- 标准配置接口：USB Device、USB Host、RS232，支持 U 盘存储和 PictBridge 打印
- 独特的锁键盘功能，满足工业生产需要
- 支持远程命令控制
- 嵌入式帮助菜单，方便信息获取
- 多国语言菜单显示，支持中英文输入
- 支持 U 盘及本地存储器的文件存储
- 模拟通道波形亮度可调
- 波形显示可以自动设置（ AUTO ）
- 弹出式菜单显示，方便操作

3.2.1 示波器的面板布置和旋钮作用

1. 前面板

DS1000U 系列数字示波器向用户提供简单而功能明晰的前面板（如图 3.5 所示），以进行基本的操作。面板上包括旋钮和功能按键。旋钮的功能与其他示波器类似。显示屏右侧的一列 5 个灰色按键为菜单操作键（自上而下定义为 1 号至 5 号）。通过它们，您可以设置当前菜单的不同选项；其他按键为功能键，通过它们，您可以进入不同的功能菜单或直接获得特定的功能应用。

2. 显示界面

显示界面如图 3.6 所示。

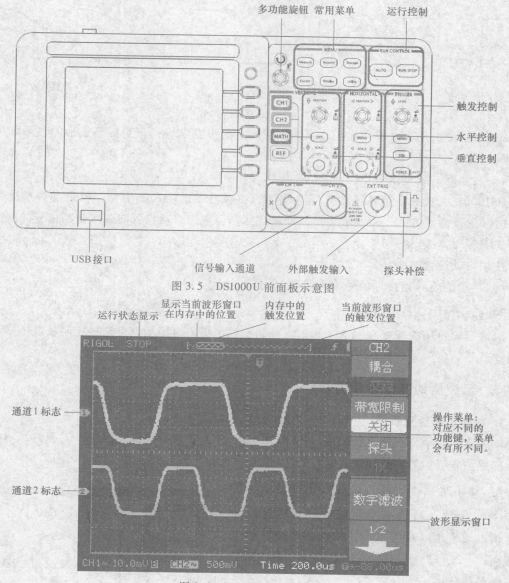

图 3.5　DS1000U 前面板示意图

图 3.6　DS1000U 显示界面

3.2.2　示波器的基本功能及操作使用方法

在首次将探头与任一输入通道连接时，进行此项调节，使探头与输入通道匹配。未经补偿或补偿偏差的探头会导致测量误差或错误，如图 3.7 所示。若调整探头补偿，请按如下步骤进行：

1）将示波器中探头菜单衰减系数设定为 10X，将探头上的开关设定为 10X，并将示波器探头与通道 1 连接。如使用探头钩形头，应确保探头与通道接触紧密。

2）将探头端部与探头补偿器的信号输出连接器相连，基准导线夹与探头补偿器的地线连接器相连，打开通道 1，然后按下 $\boxed{\text{AUTO}}$ 键。

21

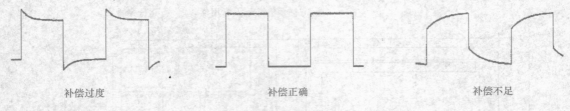

补偿过度　　　　　　　　　　补偿正确　　　　　　　　　　补偿不足

图 3.7　探头补偿调节

3）如必要，用非金属质地的改锥调整探头上的可变电容，直到屏幕显示的波形如图 3-7 "补偿正确"。

4）必要时，重复以上步骤。

DS1000U 系列数字示波器具有自动设置的功能。根据输入的信号，可自动调整电压倍率、时基以及触发方式，使波形显示达到最佳状态。应用自动设置时要求被测信号的频率不小于 50Hz，占空比大于 1%。

使用自动设置时：

1）将被测信号连接到信号输入通道；

2）按下 AUTO 按键。

示波器将自动设置垂直、水平和触发控制。如需要，可手动调整这些控制使波形显示达到最佳。

3.3.3　示波器的基本使用方法

1. 初步了解垂直系统

如图 3.8 所示，在垂直控制区（VERTICAL）有一系列的按键、旋钮。下面的练习逐步引导您熟悉垂直设置的使用。

1）使用垂直 ⊙POSITION 旋钮控制信号的垂直显示位置。当转动垂直 ⊙POSITION 旋钮时，指示通道地（GROUND）的标识跟随波形上下移动。

测量技巧：

如果通道耦合方式为 DC，您可以通过观察波形与信号地之间的差距来快速测量信号的直流分量。

如果耦合方式为 AC，信号里面的直流分量被滤除。这种方式方便您用更高的灵敏度显示信号的交流分量。

旋动垂直 ⊙POSITION 旋钮不但可以改变通道的垂直显示位置，更可以通过按下该旋钮作为设置通道垂直显示位置恢复到零点的快捷键。

2）改变垂直设置，并观察因此导致的状态信

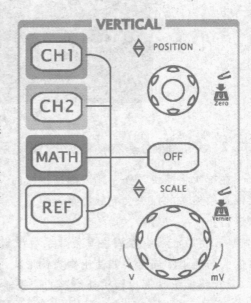

图 3.8　垂直控制系统

息变化。您可以通过波形窗口下方的状态栏显示的信息，确定任何垂直挡位的变化。

转动垂直 ⊙SCALE 旋钮改变"Volt/div（伏/格）"垂直挡位，可以发现状态栏对应通道的挡位显示发生了相应的变化。

按 CH1 、 CH2 、 MATH 或 REF 按键，屏幕显示对应通道的操作菜单、标志、波形和挡位状态信息。按 OFF 键关闭当前选择的通道。

可通过按下垂直 ⊙SCALE 旋钮作为设置输入通道的粗调/微调（Coarse/Fine）状态的快捷键，调节该旋钮即可粗调/微调垂直挡位。

2. 初步了解水平系统

如图 3.9 所示，在水平控制区（HORIZONTAL）有一个按键、两个旋钮。下面的练习逐步引导您熟悉水平时基的设置。

1）使用水平 ⊙SCALE 旋钮改变水平挡位设置，并观察因此导致的状态信息变化。转动水平 ⊙SCALE 旋钮改变"s/div（秒/格）"水平挡位，可以发现状态栏对应通道的挡位显示发生了相应的变化。水平扫描速度从 2ns 至 50s，以 1 – 2 – 5 的形式步进。

水平 ⊙SCALE 旋钮不但可以通过转动调整"s/div（秒/格）"，更可以按下此按钮切换到延迟扫描（Delayed）状态。

2）使用水平 ⊙POSITION 旋钮调整信号在波形窗口的水平位置。当转动水平 ⊙POSITION 旋钮调节触发位移时，可以观察到波形随旋钮水平移动。

水平 ⊙POSITION 旋钮不但可以通过转动调整信号在波形窗口的水平位置，更可以按下该键使触发位移（或延迟扫描位移）恢复到水平零点处。触发位移指实际触发点相对于存储器中点的位置。转动水平 ⊙POSITION 旋钮，可水平移动触发点。

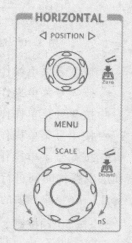

图 3.9 水平控制区

3）按 MENU 按键，显示 TIME 菜单。在此菜单下，可以开启/关闭延迟扫描或切换 Y – T、X – Y 和 ROLL 模式，还可以将水平触发位移复位。

3. 初步了解触发系统

如图 3.10 所示，在触发控制区（TRIGGER）有一个旋钮、三个按键。下面的练习逐步引导您熟悉触发系统的设置。

1）使用 ⊙LEVEL 旋钮改变触发电平设置。转动 ⊙LEVEL 旋钮，可以发现屏幕上出现一条桔红色的触发线以及触发标志，随旋钮转动而上下移动。停止转动旋钮，此触发线和触发标志会在约 5s 后消失。在移动触发线的同时，可以观察到在屏幕上触发电平的数值发生了变化。

旋动垂直 ⊙LEVEL 旋钮不但可以改变触发电平值，更可以通过按下该旋钮作为设置触发电平恢复到零点的快捷键。

2）使用 MENU 调出触发操作菜单（如图 3.11 所示），改变触发的设置，观察由此造成的状态变化。

图 3.10　触发控制区　　　　　　　　　图 3.11　触发操作菜单

- 按 1 号菜单操作按键，选择边沿触发。
- 按 2 号菜单操作按键，选择"信源选择"为**CH1**。
- 按 3 号菜单操作按键，设置"边沿类型"为 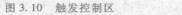 。
- 按 4 号菜单操作按键，设置"触发方式"为自动。
- 按 5 号菜单操作按键，进入"触发设置"二级菜单，对触发的耦合方式，触发灵敏度和触发释抑时间进行设置。

注：改变前三项的设置会导致屏幕右上角状态栏的变化。

3）按 50% 按键，设定触发电平在触发信号幅值的垂直中点。

4）按 FORCE 按键，强制产生一个触发信号，主要应用于触发方式中的"普通"和"单次"模式。

第2篇　电子电路课程设计

第4章　常用电子元器件的识别

　　元器件在各类电子产品中占有重要地位，特别是一些通用电子元器件，更是电子产品中必不可少的基本材料。熟悉和掌握各类元器件的性能、特点、使用范围等，对电子产品的设计、制造有着十分重要的作用，特别是近一个时期以来，随着电子工业的迅速发展，不断推出新产品，为电子产品的发展开拓了新的途径。这里将一些常用的、与本课程设计有关的电子元器件，按其类别、性能特点做简单介绍，力求使读者对五花八门的元器件有一概括了解，以利于在产品设计中扩大选用元器件的范围。如需对各类元器件的性能、技术指标深入了解，必须查阅相应的手册。

4.1　电阻

　　电阻器是专门生产的具有一定阻值、一定几何形状、一定技术性能的在电路中起电阻作用的元件。普通电阻一般可用于限流和分流、降压和分压、负载和匹配等。

4.1.1　分类

　　电阻可按材料与用途分类，按材料可分为：

　　1）合金型　用块状电阻合金拉制成合金钱或碾压成合金箔制成电阻，如线绕电阻、精密合金箔电阻等。

　　2）薄膜型　玻璃或陶瓷基体上沉积一层电阻薄膜，膜厚一般在几微米以下，薄膜材料有碳膜、金属膜、化学沉积膜及金属氧化膜等。

　　3）合成型　电阻体本身由导电颗粒和有机（或无机）粘接剂混合而成，可制成薄膜或实芯两种，常见的有合成膜电阻和实芯电阻。

　　按用途可分为：

　　1）通用型　指一般技术要求的电阻，额定功率范围为 $0.05 \sim 2W$，阻值为 $1\Omega \sim 22M\Omega$，允差 $\pm 5\%$、$\pm 10\%$、$\pm 20\%$。

　　2）精密型　有较高的精密度及稳定性，功率一般不大于 $2W$，标称值在 $0.01\Omega \sim 20M\Omega$ 之间，精密允差在 $\pm 2\% \sim \pm 0.001\%$ 之间分档。

　　3）高频型　电阻自身电感量极小，常称为无感电阻。用于高频电路，阻值小于 $1k\Omega$，功率范围最大可达 $100W$。

4）高压型　用于高压装置中，功率在 0.5~15W 之间，额定电压可达 35kV 以上，标称阻值可达 $10^9\Omega$。

5）高阻型　阻值在 10MΩ 以上，最高可达 $10^{14}\Omega$。

6）集成电阻　这是一种电阻网络，它具有体积小、规整化、精密度高等特点，适用于电子设备及计算机工业生产中。

4.1.2　主要技术指标

1）负荷功率　电阻实质上是吸收电能转换成热能的换能元件，消耗电能并使自身温度升高，其负荷能力取决于电阻长期稳定工作的允许发热温度。不同类型的电阻有不同系列的额定功率。通常功率系列在 0.05~500W 之间有数十种规格，如 1/8W、1/4W、1W 等。选择电阻功率时，应使其额定值高于在电路中实际值的 1.5~2 倍以上。

2）标称阻值　阻值是电阻的主要参数之一，不同类型的电阻，阻值范围不同；不同精度的电阻，其阻值系列不同，常用电阻的阻值系列如表 4.1 所示。

表 4.1　常用电阻的阻值系列

允差	E24（±5%）	E12（±10%）	E6（±20%）	E24（±5%）	E12（±10%）	E6（±20%）
阻值系列	1.0	1.0	1.0	3.3	3.3	3.3
	1.1			3.6		
	1.2	1.2		3.9	3.9	
	1.3			4.3		
	1.5	1.5	1.5	4.7	4.7	4.7
	1.6			5.1		
	1.8	1.8		5.6	5.6	
	2.0			6.2		
	2.2	2.2	2.2	6.8	6.8	6.8
	2.4			7.5		
	2.7	2.7		8.2	8.2	
	3.0			9.1		

表中的数值再乘以 10^n，其中 n 为正整数或负整数。

3）准确度误差　实际电阻值与标称电阻值的相对误差为电阻准确度，又称允差。普通电阻的准确度可分为 ±5%、±10%、±20% 等，精密电阻的允差可分为 ±2%、±1%、±0.5%、±0.001% 等十多种系列。在电子产品设计中可根据电路的不同选用不同准确度的电阻。

4）温度系数　所有材料的电阻率都随温度变化而变化，电阻的阻值同样如此，在衡量电阻温度稳定性时，使用温度系数：

$$\alpha_T = \frac{R_2 - R_1}{R_1(t_2 - t_1)}$$

式中，R_1 为 t_1 时的阻值；R_2 为 t_2 时的阻值。

金属膜、合成膜等电阻具有较小的温度系数，适当控制材料及加工工艺，可以制成温度稳定性高的电阻。

5）非线性　流过电阻的电流与加在两端的电压不成正比变化时，称为非线性。电阻的非线性用电压系数表示，即在规定电压范围内，电压每改变 1V 电阻值的平均相对变化量：

$$K = \frac{R_2 - R_1}{R_1(u_2 - u_1)} \times 100\%$$

式中，u_2 为额定电压；u_1 为测试电压；R_1、R_2 分别为在 u_1、u_2 条件下所测电阻。

6）噪声　产生于电阻中一种不规则的电压起伏，包括热噪声和电流噪声两种。任何电阻都有热噪声，降低电阻的工作温度，可以减小热噪声；电流噪声与电阻内的微观结构有关，合金型无电流噪声，薄膜型较小，合成型最大。

7）极限电压　电阻两端电压加到一定值时，会发生电击穿现象，使电阻损坏，根据电阻的额定功率可计算电阻的额定电压（$u = \sqrt{PR}$），当额定电压升高到一定值不允许再增加时的电压，称为极限电压，它受电阻尺寸及结构的限制。

4.1.3　电阻的标识内容及方法

电阻有多项技术指标，但限于表面积有限和对参数关心的程度，一般只标明阻值、准确度、材料、功率几项，对于 1/8 ~ 1/2W 之间的小电阻通常只标注阻值和准确度，材料及功率通常由外形尺寸及颜色判断。电阻参数的标志方法通常是用文字、符号直标或用色带标出。

（1）文字符号直标

1）标称阻值　阻值单位 Ω、kΩ、MΩ、GΩ、TΩ，其中 k = 10^3、M = 10^6、G = 10^9、T = 10^{12}。遇有小数点时，也可以用 Ω、k、M 取代小数点，如：0.1Ω 标为 Ω1，3.6Ω 标为 3Ω6，3.3kΩ 标为 3k3，2.7MΩ 标为 2M7。

2）准确度　普通电阻准确度分为 ±5%、±10%、±20% 三种，在电阻标称值的后面，标明 Ⅰ、Ⅱ、Ⅲ 符号。精密电阻的等级，可用表 4.2 中的不同符号标明。

表 4.2　精密电阻准确度等级符号

准确度（%）	± 0.001	± 0.002	± 0.005	± 0.01	± 0.02	± 0.05	± 0.1
符　号	E	X	Y	H	U	W	B
准确度（%）	± 0.2	± 0.5	± 1	± 2	± 5	± 10	± 20
符　号	C	D	F	G	J	K	M

3）功率　通常 2W 以下的电阻不标，通过外形尺寸即可判定，2W 以上电阻的功率均在电阻体上以数字标出。

4）材料　电阻功率在 2W 以下电阻的材料类型通常也不标出，对于普通碳膜和金属膜电阻，通过外表颜色可以判定。通常碳膜电阻涂绿色或棕色，金属膜电阻涂红色。2W 以上的电阻大部分在电阻体上以符号标出，符号含义如表 4.3 所示。

表 4.3　电阻材料符号

符号	T	J	X	H	Y	C	S	I	N
材料	碳膜	金属膜	线绕	合成膜	氧化膜	沉积膜	有机实芯	玻璃釉膜	无机实芯

（2）色标符号　小功率电阻较多情况使用色标法，特别是 0.5W 以下的碳膜和金属膜电

阻更为普遍。色标的基本色码如表 4.4 所示。

表 4.4　色标的基本色码

意义 \ 颜色	棕	红	橙	黄	绿	兰
有效数字	1	2	3	4	5	6
乘　数	10^1	10^2	10^3	10^4	10^5	10^6
阻值偏差	±1%	±2%			±0.5%	±0.2%

意义 \ 颜色	紫	灰	白	黑	金	银
有效数字	7	8	9	0		
乘　数				10^0	10^{-1}	10^{-2}
阻值偏差	±0.1%			±5%	±10%	

　　色标电阻的色带可分为三带（三环）、四带（四环）、五带（五环）三种标法，其含义见图 4.1。为避免混淆，五环电阻的第五色带宽度是其他色带的 1.5 ~ 2 倍。

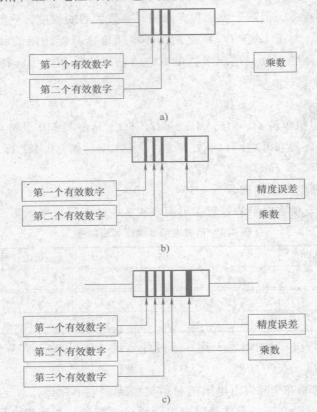

图 4.1　电阻色带含义

a）三环电阻：表示标称阻值　b）四环电阻：表示标称阻值和准确度误差

c）五环电阻：表示标称阻值（三位有效数字）和准确度误差

4.1.4　电位器

　　电位器是一种可调电阻器，对外有三个引出端，其中两个为固定端，一个为滑动端，在两个固定端之间的电阻体上做机械运动,使其与固定端之间的电阻发生变化。电位器的种类很多,可根据不同的概念分类。有关电位器的手册也往往是各家按各自生产的品种编排,对规格、型号的命名及代号也有所不同,因而在产品设计中必须根据产品的特点及线路要求,查阅有关厂家的产品手册,了解性能,合理选用。

（1）电位器类别

电位器的种类繁多,用途各异。可按用途、材料、结构特点、阻值变化规律、驱动机构的运动方式等分类,详见表 4.5。

表 4.5 电位器类别

分类形式			举 例
材料	合金型	线 绕	线绕电位器 (WX)
		金属箔	金属箔电位器
	薄膜型		金属膜电位器 (WJ)、金属氧化膜电位器 (WY)、复合膜电位器 (WH)、碳膜电位器 (WT)
	合金型	有 机	有机实芯电位器 (WS)
		无 机	无机实芯电位器、金属玻璃釉电位器 (WT)
	导电塑料		直滑式 (LP)、旋转式 (CP) (非部标)
用 途			普通、精密、微调功率、高频、高压、耐热
阻值氧化规律	线 性		线性电位器 (X)
	非线性		对数式 (D)、指数式 (Z)、正余弦式
结构特点			单圈、多圈、单联、多联、有止挡、无止挡、带推拉开关、带旋转开关、锁紧式
调节方式			旋转式、直滑式

（2）电位器的主要技术指标

1）标称阻值 标在产品上的名义阻值,与电阻类似。实际阻值与标称阻值偏差范围根据不同准确度等级可允许为 ±20%、±10%、±5%、±2%、±1%,精密电位器准确度可达 ±0.1%。

2）额定功率 电位器的两固定端上允许耗散的最大功率。使用时应注意,额定功率不等于中心轴与固定端的功率。额定功率系列为:0.063、0.125、0.25、0.5、0.75、1、2、3 (W);线绕电位器的功率有 0.5、0.75、1、1.6、3、5、10、16、25、40、63、100 (W)。

3）滑动噪声 电刷在电阻体上滑动时,电位器中心端与固定端的电压出现无规则的起伏现象,称为电位器的滑动噪声。它是由电阻体电阻分布不均匀性和电刷滑动时,接触电阻的无规律变化引起的。

4）分辨力 电位器对输出量可实现的最精细的调节能力,称为分辨力。线绕电位器不如非线绕电位器的分辨力高。

5）阻值变化规律 常见的电位器变化规律分为线性变化、指数变化和对数变化,此外根据不同需要还可制成其他函数规律变化的电位器。

6）起动力矩与转动力矩 起动力矩指转轴在旋转角范围内起动所需的最小力矩,转动力矩指力矩维持转轴以某一速度均匀旋转时所需的力矩,两者相差越小越好。在自控装置中与伺服电动机配合使用的电位器要求力矩小，转动灵活，用于调节的电位器应有一定力矩感。

7）电位器的轴长与轴端结构　轴长是安装基准面到轴端的尺寸。轴长尺寸系列有：6、10、12.5、16、25、30、40、50、63、80（mm），轴的直径系列有：2、3、4、6、8、10（mm）。

（3）几种常用电位器

1）线绕电位器　线绕电位器是利用电阻合金线在绝缘骨架上绕制而成，常用于精密电位器和大功率电位器。线绕电位器根据结构特点可做成单圈、多圈、多连等。根据用途可制成普通型、精密型、微调型等。阻值变化规律可分为线性和非线性两种。线绕电位器准确度误差易于控制、电阻的温度系数小、噪声小，但阻值范围较窄，一般在几欧到几十千欧之间。

2）合成碳膜电位器　合成碳膜电位器是在绝缘体上涂敷一层合成碳膜，经加温聚合形成碳膜片，再与其他零件组合而成。这类电位器阻值分辨力高，阻值连续变化，阻值范围宽，功率一般有0.125、0.5、1、2（W）等，准确度较差，一般为±20%，耐温、耐潮性差，使用寿命较低，但由于它成本低，因而广泛于家用电器产品。阻值变化规律分线性和非线性两种，轴端形式分带锁紧与不带锁紧两种。

3）有机实芯电位器　由导电体与有机填料和热固性树脂配制成电阻粉，在基座上通过热压形成实芯电阻体，这类电阻阻值可在$47\Omega \sim 4.7M\Omega$之间，功率在$0.25 \sim 2W$之间，准确度误差有±5%、±10%、±20%几种，这类电阻结构简单，体积小，寿命长，可靠性好。缺点是噪声大，起动力矩大，因此这种电位器多用于对可靠性要求较高的电子仪器中。这类电位器有带锁紧与不带锁紧两种，轴端尺寸与形状有不同规格。

4）多圈电位器　这属于一种精密电位器，阻值调整准确度高，最多可达40圈。在阻值需要在大范围内进行微量调整时，可选用多圈电位器。多圈电位器有线绕型、金属膜型及有机实芯等，调节方式可分为螺旋式、螺杆式等不同形式。

5）导电塑料电位器　电阻体由碳黑、石墨、超细金属粉与磷苯二甲酸、二稀丙酯塑料和交联剂塑压而成。这种电阻耐磨性好、接触可靠、分辨力高，其寿命可达线绕电位器的100倍，但耐潮性差。

4.2　电容

电容在电子仪器中是一种必不可少的基础元件。它的基本结构是在两个相互靠近的导体之间加入一层不导电的绝缘材料——介质。这是一种储能元件，可在介质两边存储一定量的电荷，存储电荷的能力用电容量表示，基本单位是法拉，以F表示。由于法拉的单位太大，因而电容量的常用单位是微法（μF）和皮法（pF）。

4.2.1　电容的技术参数

1）标称容量及偏差　容量是电容的基本参数，数值标在电容体上，不同类别的电容有不同系列的标称值。应注意，某些电容的体积过小，常常在标称数值时不标单位符号，只标数值，这就需要根据电容的材料、外形尺寸、耐压等因素加以判断，以读出真实容量值。

2）额定电压　电容两端加电压后，极板间的电介质即处于电场中，电介质在电场作用下，内部也形成电场，破坏了原来的电中性状态，这种现象叫电介质的极化，极化状态下的介质带有电荷，但因受介质本身的束缚不能自由转动，只有极少数电荷摆脱了束缚，形成了漏电流，当外加电场增强时，电荷大量脱离束缚，引起漏电流增加，介质绝缘性能遭到破坏即介质被击穿，此时电容被烧坏。电容两端加电压后，能保证长期工作而不被击穿的电压称为电容的额定电压。电压系列随电容类别不同而有所区别。额定电压的数值通常在电容上标出。

3）损耗角正切　电容的绝缘性能取决于材料及厚度，绝缘电阻越大漏电流越少。漏电流的存在，将使电容损耗一定电能，这种损耗称为电容的介质损耗。图 4.2 所示为电容的损耗角。图中 δ 角是由于电容损耗而引起的相移，此角即为电容的损耗角。U 为加在电容上的电压，I 为加在电容上的电流。

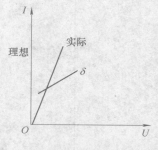

图 4.2　电容的损耗角

电容的损耗相当于在理想电容上并联一个等效电阻，此时电容上存储的无功功率为 $P_q = UI\cos\delta$，损耗的有功功率为 $P = UI\sin\delta$。由此可见只用损耗的有功功率来衡量电容的优劣是不准确的。为确切反映电容的损耗特性，采用损耗功率与存储功率之比，即：

$$\frac{P}{P_q} = \frac{UI\sin\delta}{UI\cos\delta} = \tan\delta$$

$\tan\delta$ 称为电容损耗角的正切值，它真实地表征了电容的质量优劣。不同类型电容的 $\tan\delta$ 数值不同，一般在 $10^{-2} \sim 10^{-4}$ 之间。

4.2.2　命名与分类

根据国家标准，电容型号命名由四部分内容组成。其中第三部分作为补充说明电容的某些特征，如无说明只需三部分组成，即两个字母一个数字。大多数电容名称都由三部分组成，如图 4.3 所示。

图 4.3　电容名称

各部分具体含义见表 4.6。

电容的种类很多，分类原则也不同，通常可按材料、用途等分类。按材料分类见表 4.7。

表 4.6　电容命名

第一部分（主称）		第二部分（材料）		第三部分（特征）	
字母	含义	字母	含义	字母	含义
C	电容	C	瓷介	W	微调
		Y	云母		
		I	玻璃釉		
		O	玻璃（膜）		
		B	聚苯乙烯		
		F	聚四氟乙烯		
		L	涤纶		
		S	聚碳酸酯	J	金属膜
		Q	漆膜		
		Z	纸介		
		H	混合介质		
		D	铝电解		
		A	钽		
		N	铌		
		T	钛		

表 4.7　电容分类

固定式	有机介质	纸介	普通纸介
			金属化纸介
		有机薄膜	涤纶
			聚碳酸酯
			聚苯乙烯
			聚四氟乙烯
			聚丙烯
			漆膜
	无机介质	云母	
		瓷介	瓷片
			瓷管
			独石
		玻璃	玻璃膜
			玻璃釉
			独石
	电解	铝	
		钽	
		铌	

（续）

可变式	可变：空气、云母、薄膜
	半可变：瓷介、云母

4.2.3 几种常用电容

（1）有机介质电容

这类电容近几年发展很快。由于现代高分子合成化合物技术不断发展，新的薄膜介质电容不断出现，常见有机介质电容除传统的纸介、金属化纸介电容外，涤纶、聚苯乙烯等均属此类。

1）纸介电容 型号 CZ，这是生产历史最悠久的电容之一，以纸作为介质，以金属箔作为电容的极板，卷绕而成，这种电容容量范围宽、耐压范围宽、成本低，但体积大、$\tan\delta$ 大，因而只适用于直流和低频电路中。

2）金属化纸介电容 型号 CJ，电容的极板不用金属箔，而是在电容纸上蒸发一层金属薄膜作为电极，然后绕制而成。这种电容在电参数上与纸介电容基本一致，但体积小，在相同耐压和容量条件下两种电容的体积相差了 3～5 倍之多。

3）有机薄膜电容 此种电容在结构上和纸介电容基本一致，区别在于介质材料，其介质材料不是电容纸，而是有机薄膜。有机薄膜在此处只是一个统称，具体又有涤纶、聚丙烯七八种之多。这种电容不论在体积、重量，还是在电参数上都要比纸介电容优越得多。

（2）无机介质电容

1）瓷介电容 型号 CC，瓷介电容也是一种生产历史悠久的电容，一般按其性能可分为：低压小功率和高压大功率两种。通常规定直流额定电压低于 1kV 的为低压小功率电容，高于 1kV 的为高压大功率电容。低压小功率电容常见的有瓷片、瓷管、瓷介独石等类型。这种电容体积小、重量轻、价格低廉，在普通电子产品中适用广泛。瓷介电容的容量范围较窄，一般从几皮法到 0.1 微法之间。高压大功率瓷介电容可制成鼓形、瓶形、板形等。这种电容的直流额定电压可达 30kV。容量范围一般在 470～6800pF 之间。

2）云母电容 型号 CY，以云母为介质的电容称为云母电容。它具有损耗小、可靠性高、性能稳定、容量准确度高等优良性能，被广泛用于高频电路和要求高稳定度的电路中。

目前应用较广的云母电容容量范围一般在 4.7～47000pF，最高准确度可达 ±0.01%～±0.03%，其他类型电容是做不到的。直流耐压通常为 100～5000V 之间，最高可达 40kV；稳定性好，温度系数小，一般可达 $10^{-6}/℃$ 以内，长期存放后容量变化小于 0.01%～0.02%；可用于高温条件下，最高环境温度可达 460℃。

以上优良参数使得云母电容广泛用于一些具有特殊要求的电路中，如高频、高温、高稳定电路。云母电容生产工艺复杂，成本高、体积大，因此它的使用受到一定限制。

3）玻璃电容 以玻璃为介质的电容称为玻璃电容，目前玻璃独石和玻璃釉独石两种较为常见。

玻璃独石电容的生产工艺与云母电容的生产工艺相似，即把玻璃薄膜与金属电极交替迭合热压成整体而成；玻璃釉独石电容与瓷介独石电容生产工艺相似，即被玻璃釉粉压成薄膜，并在膜上印刷一定图形电极，交替迭合后剪切成小块，再在高温下烧结成整体。

与云母和瓷介电容相比，它的生产工艺简单，因而成本低。这种电容具有良好的防潮性和抗振性，能在200℃高温下长期稳定工作，是一种具有高温稳定性的电容。其稳定性介于云母与瓷介之间，其体积小于云母电容，一般只有云母电容的几十分之一。因而在印刷电路中使用十分广泛。

（3）电解电容

电解电容以金属氧化膜作为介质，以金属和电解质作为电容的两极，金属为阳极，电解质为阴极。使用电解电容时应注意极性，不能用于交流电路。由于电解电容的介质是一层极薄的氧化膜，因而其容量比任何其他类型的都要大。在要求大容量的场合，如滤波等均选用电解电容。电解电容损耗大，温度、频率特性差，绝缘性能差，漏电流大，长期存放可能干涸、老化等。因而除体积小以外，任何性能均远不如其他类型的电容。常见电解电容有铝电解、钽电解、铌电解电容等。

1）铝电解电容　型号CD，铝电解电容是使用最多的一种通用型电解电容，工作电压一般在$6.3 \sim 500V$之间，容量在$0.33 \sim 44700\mu F$之间。

2）钽电解电容　型号CA，钽电解电容大约发展了30年，由于钽及其氧化膜的物理性能稳定，因而它比铝电解电容的漏电小、寿命长，长期存放性能稳定，参数温度、频率特性好。但比铝电解电容成本高，额定电压低。这种电容主要用于一些电性能要求较高的电路，如积分电路、记时电路、延时开关电路等。

除液体钽电容外，近几年来又发展了超小型固体钽电容，最小体积可达$\phi 1 \times 2mm^3$，用于混合集成电路中。

为适应高频电路的需要，高频片状钽电容器国外已有产品。为适应混合集成电路的需要，微型薄膜电容也已在微型电子产品中应用。

4.3　半导体分立器件

半导体晶体管自20世纪50年代问世以来，作为一代产品曾为电子产品的发展起了重要作用。目前，虽然集成电路广泛使用，并在不少场合取代了晶体管，但任何时候都不能将晶体管取而代之。因晶体管有其自身的特点并在电子产品中发挥着其他器件所不能起到的作用，因而晶体管不仅不能被淘汰，而且还应有发展。目前推出的场效应输入大功率晶体管就是一例。

4.3.1　分类

晶体管的种类很多，分类方式也有多种，通常按习惯有表4.8所示类别。

表 4.8 半导体器件分类

半导体器件	半导体二极管		普通二极管：整流二极管、检波二极管、稳压二极管、恒流二极管、开关二极管等
			特殊二极管（微波二极管）：SDB、变容二极管、雪崩管、TD、PIN 管等
	双级型晶体管	锗管	高频小功率管（合金型、扩散型）
			低频大功率管（合金型、台面型）
		硅管	低频大功率管、大功率高反压管（扩散型、扩散台面型、外延型）
			高频小功率管、超高频小功率管、高速开关管（外延平面工艺）
			低噪声管、微波低噪声管、超 β 管（外延平面工艺、薄外延、纯化技术）
			高频大功率管、微波功率管（外延平面型、覆盖式、网状结构、复合型）
			专用器件、单结晶体管、可编程序单结晶体管
	功率整流器件		可控硅整流器（SCR）、硅堆
	场效应晶体管	结型	硅管：N 沟道（外延平面型）、P 沟道（双扩散型）
			硅管：隐埋栅、V 沟道（微波大功率）
			砷化镓：肖特基势全栅（微波低噪声、微波大功率）
		MOS（硅）	耗尽型：N 沟道、P 沟道
			增强型：N 沟道、P 沟道

4.3.2 型号命名

半导体器件的命名方法如表 4.9 所示，符号及其意义如表 4.10 所示。

表 4.9 型号命名

第一部分	第二部分	第三部分	第四部分	第五部分
用数字表示器件的电极数	用汉语拼音字母表示器件的材料和极性	用汉语拼音字母表示器件类别	用数字表示器件号	用汉语拼音字母表示规格号

表 4.10 符号及其意义

符号	意义	符号	意义	符号	意义		
2	二极管	A	N 锗材料	P	普通管		
		B	P 锗材料	V	微波管		
		C	N 硅材料	W	稳定管		
		D	P 硅材料	C	参量管		
3	晶体三极管	A	PNP 锗材料	Z	整流管		
		B	NPN 锗材料	L	整流硅		
		C	PNP 硅材料	S	隧道管		
		D	NPN 硅材料	N	阻尼管		
		E	化合物材料	U	光电器件		

（续）

符号	意义	符号	意义	符号	意义		
				K	开关管		
				X	低频小功率管 $f_a < 3\mathrm{MHz}$, $p_c < 1\mathrm{W}$		
				G	高频小功率管 $f_a > 3\mathrm{MHz}$, $p_c < 1\mathrm{W}$		
				D	低频大功率管 $f_a < 3\mathrm{MHz}$, $p_c < 1\mathrm{W}$		
				A	高频大功率管 $f_a \geqslant 3\mathrm{MHz}$, $p_c < 1\mathrm{W}$		
				I	可控整流器		
				Y	体效应器件		
				B	雪崩管		
				J	阶跃恢复管		
				CS	场效应器件		
				BT	半导体特殊器件		
				FH	复合管		
				PIN	PIN 型管		
				JG	激光器件		

注：f_a 为最高截止频率，p_c 为最大功率。

第5章　焊接工艺安装及技术操作实训

任何电子产品，从几个零件构成的整流器到成千上万个零部件组成的计算机系统，都是由基本的电子元器件和功能构件，按电路工作原理，用一定的工艺方法连接而成。虽然连接方法有多种（例如铆接、绕接、压接、粘接等），但使用最广泛的方法是锡焊。

随便打开一个电子产品，焊接点少则几十几百，多则几万几十万个，其中任何一个出现故障，都可能影响整机的工作。要从成千上万的焊点中找出失效的焊点、用大海捞针形容并不过分。关注每一个焊点的质量，成为提高产品质量和可靠性的基本环节。

现代科技的飞速发展，电子产业高速增长，驱动着焊接方法和设备不断推陈出新。在现代化的生产中早已摆脱手工焊接的传统方式，波峰焊、再流焊、倒装焊等日新月异，令人目不暇接。但是如同交通工具尽管有了火车、飞机乃至火箭，人们的两条腿步行永远不可能被取代一样，手工焊接仍有广泛的应用，它不仅是小批量生产研制和维修必不可少的连接方法，也是机械化、自动化生产获得成功的基础。

了解焊接的机理，熟悉焊接工具、材料和基本原则，掌握最起码的操作技艺是跨进电子科技大厦的第一步。

5.1　焊接技术与锡焊

焊接是金属加工的基本方法之一。通常焊接技术分为熔焊、压焊和钎焊三大类。锡焊属于钎焊中的软钎焊（钎料熔点低于450℃）。习惯把钎料称为焊料，采用铅锡焊料进行焊接称为铅锡焊，简称锡焊。施焊的零件通称焊件，一般情况下是指金属零件。

锡焊，简略地说，就是将铅锡焊料熔入焊件的缝隙使其连接的一种焊接方法，其特征是：

1）焊料熔点低于焊件。
2）焊接时将焊件与焊料共同加热到焊接温度，焊料熔化而焊件不熔化。
3）连接的形式是由熔化的焊料润湿焊件的焊接面产生冶金、化学反应形成结合层。
4）铅锡焊料熔点低于200℃，适合半导体等电子材料的连接。
5）只需简单的加热工具和材料即可加工，投资少。
6）锡焊过程可逆，易于拆焊。

5.2　锡焊机理

关于锡焊机理，有不同的解释和说法。从理解锡焊过程，指导正确焊接操作来说，以下几点是最基本的。

（1）扩散

金属原子以结晶状态排列，如图 5.1 所示，原子间的作用力的平衡维持晶格的形状和稳定。当两块金属接近到足够小的距离时，界面上晶格的紊乱导致部分原子能从一个晶格点阵移动到另一个晶格点阵，从而引起金属之间的扩散。这种发生在金属界面上的扩散结果，使两块金属结合成一块，实现了金属之间的"焊接"，如图 5.2 所示。

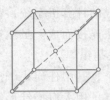 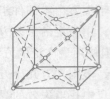

图 5.1　金属晶格点阵模型　　　　图 5.2　焊料与焊件扩散示意图

金属之间的扩散不是在任何情况下都会发生，而是有条件的。两个基本条件是：

1）距离。两块金属必须接近到足够小的距离。只有在一定小的距离内，两块金属原子间引力作用才会发生。金属表面的氧化层或其他杂质都会使两块金属达不到这个距离。

2）温度。只有在一定温度下金属分子才具有动能，使得扩散得以进行，理论上说，到"绝对零度"时便没有扩散的可能。实际上在常温下扩散进行得非常缓慢。

锡焊就其本质上说，是焊料与焊件在其界面上的扩散。焊件表面的清洁，焊件的加热是达到其扩散的基本条件。

（2）润湿

润湿是发生在固体表面和液体之间的一种物理现象。如果液体能在固体表面漫流开，我们就说这种液体能润湿该固体表面，这种润湿作用是物质所固有的一种性质。

从力学的角度不难理解润湿现象。不同的液体和固体，它们之间相互作用的附着力和液体的内聚力是不同的，其合力就是液体在固体表面漫流的力。当力的作用平衡时流动也停止了，液体和固体交界处形成一定的角度，这个角称润湿角，也叫接触角，是定量分析润湿现象的一个物理量。如图 5.3 所示，θ 角从 0° 到 180°，θ 角越小，润湿越充分。实际中我们以 90° 为润湿的分界。

锡焊过程中，熔化的铅锡焊料和焊件之间的作用，正是这种润湿现象。如果焊料能润湿焊件，我们则说它们之间可以焊接，观测润湿角是锡焊检测的方法之一。润湿角越小，焊接质量越好。

$\theta < 90°$ 润湿　　　　　　$\theta > 90°$ 不润湿

图 5.3　润湿角

一般质量合格的铅锡焊料和铜之间润湿角可达 20°，实际应用中一般以 45° 为焊接质量的检验标准，如图 5.4 所示。

（3）结合层

焊料润湿焊件的过程中，符合金属扩散的条件，所以焊料和焊件的界面有扩散现象发生。这种扩散的结果，使得焊料和焊件界面上形成一种新的金属合金层，称为结合层，如图 5.5 所示。结合层的成分既不同于焊料又不同于焊件，而是一种既有化学作用（生成金属化合物），又有冶金作用（形成合金固溶体）的特殊层。由于结合层的作用使得焊料和焊件结合成一个整体，实现金属连续性。

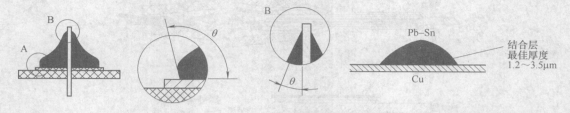

图 5.4　焊料润湿角　　　　　　　　图 5.5　锡焊结合层示意图

铅锡焊料和铜在锡焊过程中生成结合层，厚度可达 $1.2 \sim 10 \mu m$。由于润湿扩散过程是一种复杂的金属组织变化和物理冶金过程，所以结合层的厚度过薄或过厚都不能达到最好的性能。结合层小于 $1.2 \mu m$，实际上是一种半附着性结合，强度很低；而大于 $6 \mu m$，则使组织粗化，产生脆性，降低强度。理想的结合层厚度是 $1.2 \sim 3.5 \mu m$，强度最高，导电性能好。

综上所述，我们获得关于锡焊的理性认识：将表面清洁的焊件与焊料加热到一定温度，焊料熔化并润湿焊件表面，在其界面上发生金属扩散并形成结合层，从而实现金属的焊接。

5.3　锡焊工具与材料

锡焊工具和材料是实施锡焊作业必不可少的条件。合适、高效的工具是焊接质量的保证，合格的材料是锡焊的前提，了解这方面的基本知识，对掌握锡焊技术是必需的。

5.3.1　电烙铁

电烙铁是手工施焊的主要工具，如图 5.6 所示，选择合适的烙铁，合理地使用它，是保证焊接质量的基础。

1. 分类及结构

由于用途、结构的不同，有各式各样的烙铁，从加热方式分：有直热式、感应式、气体燃烧式等；从烙铁发热能力分：有 20W，30W，…，300W 等；从功能分：又有单用式、两用式、调温式等。最常用的还是单一焊接用的直热式电烙铁。它又可分为内热式和外热式两种。

图 5.6　电烙铁

（1）直热式烙铁

图 5.7 所示为典型烙铁结构，主要由以下几部分组成。

1）发热元件，其中能量转换部分是发热元件，俗称烙铁芯子。它是将镍铬电阻丝缠在云母、陶瓷等耐热、绝缘材料上构成的。内热式与外热式主要区别在于外热式的发热元件在传热体的外部，而内热式的发热元件在传热体的内部，也就是烙铁芯在内部发热。显然，内

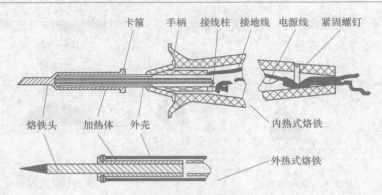

图 5.7　典型烙铁结构示意图

热式能量转换效率高。因而，同样温度的烙铁内热式体积、重量都小于外热式。

2）烙铁头，作为热量存储和传递的烙铁头，一般用紫铜制成。在使用中，因高温氧化和焊剂腐蚀会变得凹凸不平，需经常清理和修整。

3）手柄，一般用木料或胶木制成，设计不良的手柄，温升过高会影响操作。

4）接线柱，这是发热元件同电源线的连接处。必须注意：一般烙铁有三个接线柱，其中一个是接金属外壳的，接线时应用三芯线将外壳接保护零线。新烙铁或换烙铁芯时，应判明接地端，最简单的办法是用万用表测外壳与接线柱之间的电阻。显然，如果烙铁不热，也可用万用表快速判定是否烙铁芯损坏。

（2）感应式烙铁

感应式烙铁也叫速热烙铁，俗称焊枪。它里面实际是一个变压器，这个变压器的二次侧只有 1～3 匝，当一次侧通电时，二次侧感应出大电流通过加热体，使同它相连的烙铁头迅速达到焊接所需温度。

这种烙铁加热速度快，但由于烙铁头实际是变压器二次侧，因而对一些电荷敏感器件，如绝缘栅 MOS 电路，不宜使用。

（3）吸锡烙铁

吸锡烙铁是在普通直热式烙铁上增加吸锡结构，使其具有加热、吸锡两种功能。使用吸锡器时，要及时清除吸入的锡渣，保持吸锡孔通畅。

（4）调温及恒温烙铁

调温烙铁可有自动和手动两种。手动式调温实际就是将烙铁接到一个可调电源上，例如调压器上，由调压器上刻度可调定烙铁温度。自动调温电烙铁靠温度传感元件监测烙铁头温度，并通过放大器将传感器输出信号放大，控制电烙铁供电电路，从而达到恒温目的。这种烙铁也有将供电电压降为 24V、12V 低压或直流供电形式的，对于焊接操作安全性来说无疑是大有益处的，但相应价格提高，使这种烙铁的推广受到限制。

（5）其他电烙铁

除上述几种烙铁外，新近研制成的一种储能式烙铁，是适应集成电路，特别是对电荷敏感的 MOS 电路的焊接工具。烙铁本身不接电源，当把烙铁插到配套的供电器上时，烙铁处于储能状态，焊接时拿下烙铁，靠储存在烙铁中的能量完成焊接，一次可焊若干焊点。

还有用蓄电池供电的碳弧烙铁；可同时除去焊件氧化膜的超声波烙铁；具有自动送进焊锡装置的自动烙铁等。

2. 烙铁头及修整镀锡

烙铁头一般用紫铜制成，现在内热式烙铁头都经电镀。这种有镀层的烙铁头，如果不是特殊需要，一般不要修挫或打磨，因为电镀层的目的就是保护烙铁头不易腐蚀。

还有一种新型合金烙铁头，寿命较长，但需配专门的烙铁。一般用于固定产品的印制板焊接。

烙铁头经使用一段时间后，表面会凹凸不平，而且氧化层严重，这种情况下需要修整，一般将烙铁头拿下来，夹到台钳上粗挫，修整为自己要求的形状，然后再用细挫修平，最后用细砂纸打磨光。对焊接数字电路、计算机的工作来说，普通烙铁头太粗了，可以将头部用锤头锻打到合适的粗细，再修整。

修整后的烙铁应立即镀锡，方法是将烙铁头装好通电，在木板上放些松香并放一段焊锡，烙铁沾上锡后在松香中来回摩擦；直到整个烙铁修整面均匀镀上一层锡为止。

应该注意，烙铁通电后一定要立刻蘸上松香，否则表面会生成难镀锡的氧化层。

5.3.2　焊料

焊料是易熔金属，其熔点低于被焊金属，在熔化时能在被焊金属表面形成合金而将被焊金属连接到一起。按焊料成分，有锡铅焊料、银焊料、铜焊料等，在一般电子产品装配中主要使用锡铅焊料。

（1）铅锡合金

锡（Sn）是一种质软低熔点金属，高于 13.2℃ 时是银白色金属，低于 13.2℃ 呈灰色，低于 -40℃ 变成粉末。常温下抗氧化性强，并且容易同多数金属形成金属化合物。纯锡质脆，机械性能差。

铅（Pb）是一种浅青白色软金属，熔点 327℃；塑性好，有较高抗氧化性和抗腐蚀性。铅属于对人体有害的重金属，在人体中积蓄能引起铅中毒。铅的机械性能也很差。

铅与锡形成合金（即铅锡焊料）后，具有一系列铅和锡不具备的优点：

1）熔点低，各种不同成分的铅锡合金熔点均低于铅和锡的熔点，有利于焊接。

2）机械强度高，合金的各种机械强度均优于纯锡和铅。

3）表面张力小，黏度下降，增大了液态流动性，有利于焊接时形成可靠接头。

4）抗氧化性好，铅具有的抗氧化性优点在合金中继续保持，使焊料在熔化时减少氧化量。

不同比例的 Pb 与 Sn 组成的合金熔点与凝固点各不相同。

（2）共晶焊锡

Pb 占 38.1%，Sn 占 61.9% 的铅锡合金，称为共晶合金，其凝固点和熔化点是 327℃，是 Pb-Sn 焊料中性能最好的一种。它有以下优点：

1）低熔点，使焊接时加热温度降低，可防止元器件损坏。

2）熔点和凝固点一致，可使焊点快速凝固，不会因半融状态时间间隔长而造成焊点结晶疏松，强度降低。

3）流动性好，表面张力小，有利于提高焊点质量。

4）强度高，导电性好。

实际应用中，Pb 和 Sn 的比例不可能也没必要控制在理论比例上，一般将 Sn 占 60%，Pb 占 40% 的焊锡称为共晶焊锡。手工烙铁锡焊所用焊锡一般是共晶焊锡。

5.3.3 焊剂

金属表面同空气接触后都会生成一层氧化膜，温度越高，氧化越厉害。这层氧化膜阻止液态焊锡对金属的润湿作用。焊剂就是一种用于清除氧化膜的专用材料，又称助焊剂。它不像电弧焊中的焊药那样参与焊接的冶金过程，而仅仅起清除氧化膜的作用。不要企图用焊剂除掉焊件上各种污物。

（1）助焊剂的作用与要求

助焊剂有三大作用：

1）除氧化膜。其实质是助焊剂中的氯化物、酸类同氧化物发生还原反应，从而除去氧化膜，反应后的生成物变成悬浮的渣，漂浮在焊料表面。

2）防止氧化。液态的焊锡及加热的焊件金属都容易与空气中的氧接触而氧化。助焊剂在熔化后，漂浮在焊料表面，形成隔离层，因而防止了焊接面的氧化。

3）减小表面张力，增加焊锡流动性，有助于焊锡润湿焊件。

对助焊剂要求是：

1）熔点应低于焊料。只有这样才能发挥助焊剂作用。

2）表面张力、黏度、比重小于焊料。

3）残渣容易清除。焊剂都带有酸性，而且残渣影响外观。

4）不能腐蚀母材。焊剂酸性太强，就会不仅除氧化层，而且腐蚀金属，造成危害。

5）不产生有害气体和刺激性气味。

（2）助焊剂分类及应用

焊剂中以无机焊剂活性最强，常温下即能除去金属表面的氧化膜。但这种强腐蚀作用很容易损伤金属及焊点，电子焊接中不能使用。这种焊剂用机油乳化后，制成一种膏状物质，俗称焊油，一般用于焊接金属板等容易清洗的焊件，除非特别准许，一般不允许使用。

有机焊剂的活性次于氯化物，有较好助焊作用，但也有一定腐蚀性，残渣不易清理，且挥发物对操作者有害。

松香系列活性弱，但无腐蚀性，适合电子装配锡焊。

（3）松香焊剂性能及使用

松香是由自然松脂中提炼出的树脂类混合物，主要成分是松香酸（约占 80%）和海松酸等。其主要性能如下：

1）常温下，浅黄色固态，化学活性呈中性。

2）70℃ 以上开始熔化，液态时有一定化学活性，呈现酸的作用，与金属表面氧化物发生反应（氧化铜→松香酸铜）。

3）300℃以上开始分解，并发生化学变化，变成黑色固体，失去化学活性。

因此在使用松香焊剂时，如果已经反复使用变黑，则失去助焊剂作用。

手工焊接时常将松香溶入酒精，制成所谓"松香水"。如在松香水中加入三乙醇胺可增强活性。

氢化松香是专为锡焊生产的一种高活性松香，助焊作用优于普通松香。

5.4　手工锡焊基本操作

作为一种初学者掌握手工锡焊技术的训练方法，五步法（如图 5.8 所示）是卓有成效的，方法如下：

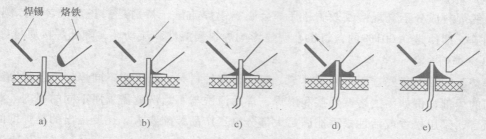

图 5.8　五步法

a）准备施焊　b）加热焊件　c）熔化焊料　d）移开焊锡　e）移开烙铁

（1）准备施焊

准备好焊锡丝和烙铁。此时特别强调的是烙铁头部要保持干净，即可以沾上焊锡（俗称吃锡）。

（2）加热焊件

将烙铁接触焊接点，注意首先要保持烙铁加热焊件各部分，例如印制板上引线和焊盘都要受热，其次要注意让烙铁头的扁平部分（较大部分）接触热容量较大的焊件，烙铁头的侧面或边缘部分接触热容量较小的焊件，以保持焊件均匀受热。

（3）熔化焊料

当焊件加热到能熔化焊料的温度后将焊丝置于焊点，焊料开始熔化并润湿焊点。

（4）移开焊锡

当熔化一定量的焊锡后将焊锡丝移开。

（5）移开烙铁

当焊锡完全润湿焊点后移开烙铁，注意移开烙铁的方向应该是大致 45°的方向。

上述过程，对一般焊点而言大约二、三秒钟。对于热容量较小的焊点，例如印制电路板上的小焊盘，有时用三步法概括操作方法，即将上述步骤（2），（3）合为一步，（4），（5）合为一步。实际上细微区分还是五步，所以五步法有普遍性，是掌握手工烙铁焊接的基本方法。特别是各步骤之间停留的时间，对保证焊接质量至关重要，只有通过实践才能逐步掌握。

5.5 手工锡焊技术要点

5.5.1 锡焊基本条件

（1）焊件可焊性

不是所有的材料都可以用锡焊实现连接的，只有一部分金属有较好可焊性（严格地说应该是可以锡焊的性质），才能用锡焊连接。一般铜及其合金、金、银、锌、镍等具有较好可焊性，而铝、不锈钢、铸铁等可焊性很差，一般需采用特殊焊剂及方法才能锡焊。

（2）焊料合格

铅锡焊料成分不合规格或杂质超标都会影响锡焊质量，特别是某些杂质含量，例如锌、铝、钢等，即使是 0.001% 的含量也会明显影响焊料润湿性和流动性，降低焊接质量。

（3）焊剂合适

焊接不同的材料要选用不同的焊剂，即使是同种材料，当采用不同焊接工艺时也往往要用不同的焊剂，例如手工烙铁焊接和浸焊，焊后清洗与不清洗就需采用不同的焊剂。对手工锡焊而言，采用松香或活性松香能满足大部分电子产品装配要求。还要指出的是焊剂的量也是必须注意的，过多、过少都不利于锡焊。

（4）焊点设计合理

合理的焊点几何形状，对保证锡焊的质量至关重要。

图 5.9a 所示的接点由于铅锡焊料强度有限，很难保证焊点足够的强度，而图 5.9b 的接头设计则有很大改善。图 5.10 表示印制板上焊盘孔与引线间隙对焊接质量的影响。间隙合适时，强度较高；间隙过小时，焊锡不能润湿；间隙过大时，形成气孔。

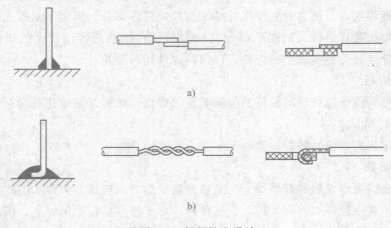

a)

b)

图 5.9 锡焊接点设计

a）不推荐 b）推荐

5.5.2 手工锡焊要点

以下几个要点由锡焊机理引出并被实际经验证明具有普遍适用性。

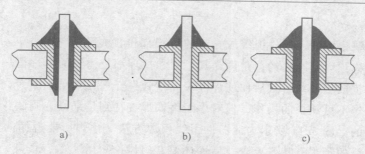

　a)　　　　　　　　　　b)　　　　　　　　　　c)

图 5.10　焊盘孔与引线间隙对焊接质量的影响

a)间隙合适　b)间隙过小　c)间隙过大

（1）掌握好加热时间

锡焊时可以采用不同的加热速度，例如烙铁头形状不良，用小烙铁焊大焊件时不得不延长时间以满足锡料温度的要求。在大多数情况下延长加热时间对电子产品装配都是有害的，这是因为：

1）焊点的结合层由于长时间加热而超过合适的厚度引起焊点性能劣化。

2）印制板、塑料等材料受热过多会变形变质。

3）元器件受热后性能变化甚至失效。

4）焊点表面由于焊剂挥发，失去保护而氧化。

结论：在保证焊料润湿焊件的前提下时间越短越好。

（2）保持合适的温度

如果为了缩短加热时间而采用高温烙铁焊小焊点，则会带来另一方面的问题：焊锡丝中的焊剂没有足够的时间在被焊面上漫流而过早挥发失效；焊料熔化速度过快影响焊剂作用的发挥；由于温度过高虽加热时间短也造成过热现象。

结论：保持烙铁头在合理的温度范围。一般经验是烙铁头温度比焊料熔化温度高 50℃较为适宜。

理想的状态是较低的温度下缩短加热时间，尽管这是矛盾的，但在实际操作中可以通过操作手法获得令人满意的解决方法。

（3）用烙铁头对焊点施力是有害的

烙铁头把热量传给焊点主要靠增加接触面积，用烙铁对焊点加力对加热是徒劳的。很多情况下会造成被焊件的损伤，例如电位器、开关、接插件的焊接点往往都是固定在塑料构件上，加力的结果容易造成元件失效。

5.5.3　锡焊操作要领

（1）焊件表面处理

手工烙铁焊接中遇到的焊件是各种各样的电子器件和导线，除非在规模生产条件下使用"保鲜期"内的电子器件，一般情况下遇到的焊件往往都需要进行表面清理工作，去除焊接面上的锈迹、油污、灰尘等影响焊接质量的杂质。手工操作中常用机械刮磨和酒精、丙酮擦洗等简单易行的方法。

（2）预焊

预焊就是将要锡焊的元器件引线或导线的焊接部位预先用焊锡润湿，一般也称为镀锡、上锡等。之所以称预焊是准确的，是因为其过程和机理都是锡焊的全过程——焊料润湿焊件表面，靠金属的扩散形成结合层后而使焊件表面"镀"上一层焊锡。

预焊并非锡焊不可缺少的操作，但对手工烙铁焊接特别是维修、调试、研制工作几乎可以说是必不可少的。图5.11所示为元器件引线预焊方法。预焊所要遵循的原则和操作方法同锡焊一样，导线的预焊有特殊要求，后面还要专门讨论。

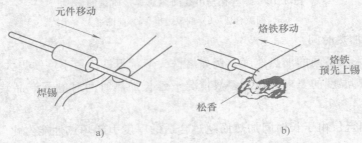

图5.11 元器件引线预焊

（3）不要用过量的焊剂

适量的焊剂是必不可缺的，但不要认为越多越好。过量的松香不仅造成焊后焊点周围需要清洗的工作量大，而且延长了加热时间（松香溶化、挥发需要并带走热量），降低工作效率；而当加热时间不足时又容易夹杂到焊锡中形成"夹渣"缺陷；对开关元件的焊接，过量的焊剂容易流到触点处，从而造成接触不良。

合适的焊剂量应该是松香水仅能浸湿将要形成的焊点，不要让松香水透过印制板流到元件面或插座孔里（如IC插座）。对使用松香芯的焊丝来说，基本不需要再涂焊剂。

（4）保持烙铁头的清洁

因为焊接时烙铁头长期处于高温状态，又接触焊剂等受热分解的物质，其表面很容易氧化而形成一层黑色杂质，这些杂质几乎形成隔热层，使烙铁头失去加热作用，因此要随时在烙铁架上蹭去杂质。用一块湿布或湿海绵随时擦烙铁头，也是常用的方法。

（5）加热要靠焊锡桥

非流水线作业中，一次焊接的焊点形状是多种多样的，不可能不断地换烙铁头。要提高烙铁头加热的效率，需要形成热量传递的焊锡桥。所谓焊锡桥，就是靠烙铁上保留少量焊锡作为加热时烙铁头与焊件之间传热的桥梁。显然这样会由于金属液的导热效率远高于空气，而使焊件很快被加热到焊接温度。图5.12所示为焊锡桥作用前后示意图。无焊锡桥作用时，接触面小，传热慢；焊锡桥作用时，大面积传热，速度快。应注意作为焊锡桥的锡保留量不可过多。

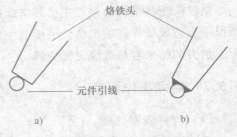

图5.12 焊锡桥作用前后示意图
a）无焊锡桥作用 b）焊锡桥作用

（6）焊锡量要合适

过量的焊锡不但消耗了较贵的锡，而且增加了焊接时间，相应降低了工作速度。更为严重的是在高密度的电路中，过量的锡很容易造成不易觉察的短路。

但是焊锡过少不能形成牢固的结合，降低焊点强度，特别是在板上焊导线时，焊锡不足往往造成导线脱落。图 5.13 中，焊锡过多，造成浪费；焊锡过少，焊点强度差；焊锡量合适，焊点合格。

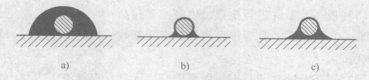

图 5.13　焊锡量的掌握

a）焊锡过多　b）焊锡过少　c）焊锡量合适

（7）焊件要固定

在焊锡凝固之前不要使焊件移动或振动，特别是用镊子夹住焊件时一定要等焊锡凝固再移去镊子。这是因为焊锡凝固过程是结晶过程，根据结晶理论，在结晶期间受到外力（焊件移动）会改变结晶条件，导致晶体粗大，造成所谓"冷焊"。外观现象是表面无光泽呈豆渣状；焊点内部结构疏松，容易有气隙和裂缝，造成焊点强度降低，导电性能差。因此，在焊锡凝固前一定要保持焊件静止。实际操作时可以用各种适宜的方法将焊件固定，或使用可靠的夹持措施。

（8）烙铁撤离有讲究

烙铁撤离要及时，而且撤离时的角度和方向对焊点形成有一定关系。图 5.14 所示为不同撤离方向对焊料的影响。撤烙铁时轻轻旋转一下，可保持焊点适当的焊料，这需要在实际操作中体会。

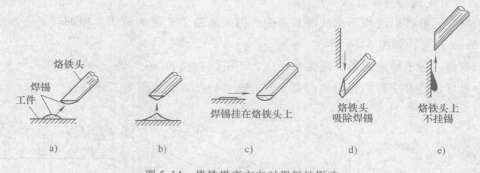

图 5.14　烙铁撤离方向对焊料的影响

a）轴向 45°撤离　b）向上撤离　c）水平方向撤离　d）垂直向下撤离　e）垂直向上撤离

5.6　实用锡焊技艺

掌握原则和要领对正确操作是必要的，但仅仅依照这些原则和要领并不能解决实际操作中的各种问题。具体工艺步骤和实际经验是不可缺少的。借鉴他人的经验，遵循成熟的工艺是初学者的必由之路。

5.6.1 印制电路板安装与焊接

印制电路板的装焊在整个电子产品制造中处于核心的地位，可以说一个整机产品的"精华"部分都装在印制板上，其质量对整机产品的影响是不言而喻的。

（1）印制板和元器件检查

装配前应对印制板和元器件进行检查，内容主要包括：

印制板：图形、孔位及孔径是否符合图样，有无断线、短路、缺孔等，表面处理是否合格，有无污染或变质。

元器件：品种、规格及外封装是否与图样吻合，元器件引线有无氧化、锈蚀。

对于要求较高的产品，还应注意操作时的条件，如手汗影响锡焊性能，腐蚀印制板，使用的工具如螺钉旋具、钳子碰上印制板会划伤铜箔，橡胶板中的硫化物会使金属变质等。

（2）元器件引线成型

印制板上元器件引线成型如图 5.15 所示，是印制板上装配元器件的部分实例，其中大部分需在装插前弯曲成形。弯曲成形的要求取决于元器件本身的封装外形和印制板上的安装位置，有时也因整个印制板安装空间限定元件安装位置。

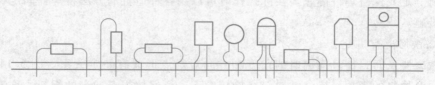

图 5.15　印制板上元器件引线成型

元器件引线成型要注意以下几点：

1）所有元器件引线均不得从根部弯曲。因为制造工艺上的原因，根部容易折断。一般应留 1.5mm 以上，如图 5.16 所示。

2）弯曲一般不要成死角，圆弧半径应大于引线直径的 1～2 倍。

3）要尽量将有字符的元器件面置于容易观察的位置，如图 5.17 所示。

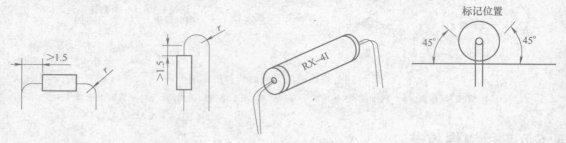

图 5.16　元器件引线弯曲

图 5.17　元器件成型及插装时注意标记位置

元器件插装包括贴板和悬空插装，如图 5.18 所示。贴板插装稳定性好，插装简单，但不利于散热，且对某些安装位置不适应。悬空插装，适应范围广，有利于散热，但插装较复杂，需控制一定高度以保持美观一致，悬空高度一般取 2～6mm。

1）插装时应首先保证图样中安装工艺要求，其次按实际安装位置确定。一般无特殊要求时，只要位置允许，多采用贴板安装。

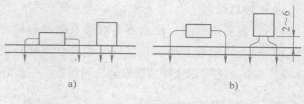

2）安装时应注意元器件字符标记方向一致，容易读出。

图 5.18　元器件插装形式

a）贴板插装　b）悬空插装

图 5.19 所示安装方向是符合阅读习惯的方向。

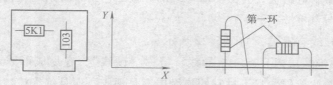

图 5.19　安装方向符合阅读习惯

3）安装时不要用手直接碰元器件引线和印制板上铜箔。

4）插装后为了固定可对引线进行折弯处理，如图 5.20 所示。

（3）印制电路板的焊接

焊接印制板，除遵循锡焊要领外，以下几点须特别注意：

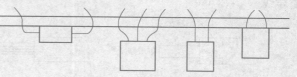

图 5.20　元器件引线折弯固定

1）电烙铁，一般应选内热式 20 ~ 35W 或调温式，烙铁的温度不超过 300℃ 为宜。烙铁头形状应根据印制板焊盘大小采用凿形或锥形，目前印制板发展趋势一般常用小型圆锥烙铁头。

2）加热方法，加热时应尽量使烙铁头同时接触印制板上铜箔和元器件引线，如图 5.21a 所示。对较大的焊盘（直径大于 5mm），焊接时可移动烙铁，即烙铁绕焊盘转动，以免长时间停留一点导致局部过热，如图 5.21b 所示。

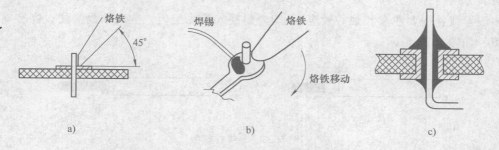

图 5.21　印制板的焊接

3）金属化孔的焊接，两层以上电路板的孔都要进行金属化处理。焊接时不仅要让焊料润湿焊盘，而且孔内也要润湿填充如图 5.21c 所示。因此金属化孔加热时间应长于单面板。

4）焊接时不要用烙铁头摩擦焊盘的方法增强焊料润湿性能，而要靠表面清理和预焊。

5）耐热性差的元器件应使用工具辅助散热。

（4）焊后处理

1）剪去多余引线，注意不要对焊点施加剪切力以外的其他力。

2）检查印制板上所有元器件引线焊点，修补缺陷。

3）根据工艺要求选择清洗液清洗印制板。一般情况下使用松香焊剂后印制板不用清洗。

5.6.2　导线焊接

导线焊接在电子产品装配中占有重要位置。实践中发现，出现故障的电子产品中，导线焊点的失效率高于印制电路板，有必要对导线的焊接工艺给予特别的重视。

（1）常用连接导线

电子装配常用导线有三类，如图5.22所示。

1）单股导线，绝缘层内只有一根导线，俗称"硬线"，容易成形固定，常用于固定位置连接。漆包线也属此范围，只不过它的绝缘层不是塑胶，而是绝缘漆。

2）多股导线，绝缘层内有4~67根或更多的导线，称"软线"，使用最为广泛。

3）屏蔽线，在弱信号的传输中应用很广，同样结构的还有高频传输线，一般叫同轴电缆导线。

图5.22　常用导线

（2）导线焊前处理

1）剥绝缘层。导线焊接前要除去末端绝缘层。剥除绝缘层可用普通工具或专用工具。

2）预焊。导线焊接，预焊是关键的步骤，尤其多股导线，如果没有预焊的处理，焊接质量很难保证。

导线的预焊又称为挂锡，方法与元器件引线预焊一样，但注意导线挂锡时要边上锡边旋转，旋转方向与拧合方向一致（参见图5.11）。

多股导线挂锡要注意"烛心效应"，即焊锡浸入绝缘层内，造成软线变硬，容易导致接头故障，如图5.23所示。

图5.23　导线挂锡

a）良好镀层，表面光洁均匀　b）烛心效应

（3）导线焊接及末端处理

导线同接线端子的连接有三种基本形式，如图5.24所示。

1）绕焊。把经过上锡的导线端头在接线端子上缠一圈，用钳子拉紧缠牢后进行焊接，如图5.24b所示。注意导线一定要紧贴端子表面，绝缘层不接触端子，一般 $L = 1 \sim 3mm$ 为宜。这种连接可靠性最好。

2）钩焊。将导线端子弯成钩形，钩在接线端子上并用钳子夹紧后施焊，如图 5.24c 所示。端头处理与绕焊相同。这种方法强度低于绕焊，但操作简便。

3）搭焊。把经过镀锡的导线搭到接线端子上施焊，如图 5.24d 所示。这种连接最方便，但强度可靠性最差，仅用于临时连接或不便于缠、钩的地方以及某些接插件上。

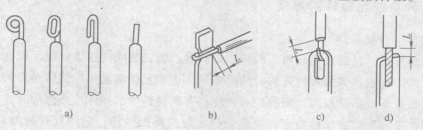

图 5.24　导线与端子的连接

a）导线弯曲形状　b）绕焊　c）钩焊　d）搭焊

导线之间的连接以绕焊为主，如图 5.25 所示，操作步骤如下：

1）去掉一定长度绝缘皮。

2）端子上锡，并穿上合适套管。

3）绞合，施焊。

4）趁热套上套管，冷却后套管固定在接头处。

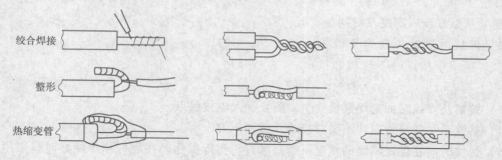

图 5.25　导线与导线连接

屏蔽线或同轴电缆末端连接对象不同处理方法也不同。图 5.26 表示末端与其他端子焊

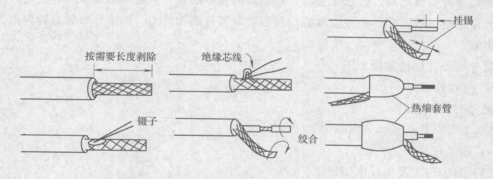

图 5.26　屏蔽线末端与其他端子焊接时的处理方式

接时的处理方式，特别强调芯线和屏蔽层的绞合及挂锡时的烛心效应。热缩套管在加热到100℃以上时直径可缩小到1/3～1/2，是线端绝缘常用材料。同轴电缆和屏蔽线其他连接方法可参照处理，注意同轴电缆的芯线一般都很细且线数少，无论采用何种连接方式均不应使芯线承受拉力。

5.6.3 几种易损元器件的焊接

（1）铸塑元件的锡焊

各种有机材料，包括有机玻璃、聚氯乙烯、聚乙烯、酚醛树脂等材料，现在已被广泛用于电子元器件的制造，例如各种开关、插接件等。这些元件都是采用热铸塑方式制成的，它们最大弱点就是不能承受高温。当我们对铸塑在有机材料中的导体接点施焊时，如不注意控制加热时间，极容易造成塑性变形，导致元件失效或降低性能，造成隐性故障。图5.27是一个常用的钮子开关由于焊接技术不当造成失效的例子。

其他类型铸塑制成的元件也有类似问题，因此，这一类元件焊接时必须注意：

1）在元件预处理时，尽量清理好接点，一次镀锡成功，不要反复镀，尤其将元件在锡锅中浸镀时，更要掌握好浸入深度及时间。

2）焊接时烙铁头要修整得尖一些，焊接一个接点时不碰相邻接点。

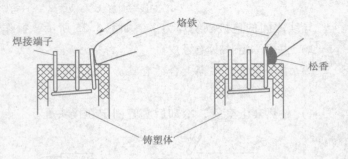

图5.27 焊接不当造成开关失效

3）镀锡及焊接时加助焊剂量要少，防止浸入电接触点。

4）铬铁头在任何方向均不要对接线片施加压力。

5）焊接时间在保证润湿的情况下越短越好。实际操作时在焊件预焊良好时只须用挂上锡的烙铁头轻轻一点即可。焊后不要在塑壳未冷前对焊点进行牢固性试验。

（2）簧片类器件接点焊接

这类器件如继电器、波段开关等，它们共同特点是簧片制造时加预应力，使之产生适当弹力，保证电接触性能。如果安装施焊过程中对簧片施加外力，则破坏接触点的弹力，造成器件失效。

簧片类器件焊接要领如下：

1）可靠的预焊。

2）加热时间要短。

3）不可对焊点任何方向加力。

4）焊锡量宜少。

（3）MOSFET及集成电路焊接

MOSFET特别是绝缘栅极型，由于输入阻抗很高，稍不慎即可能使内部击穿而失效。

双极型集成电路虽不像 MOS 集成电路那样，但由于内部集成度高，通常管子隔离层都很薄，一旦受到过量的热也容易损坏。无论哪种电路都不能承受高于 200℃ 的温度，因此焊接时必须非常小心。

1）电路引线如果是镀金处理的，不要用刀刮，只需酒精擦洗或用绘图橡皮擦干净即可。

2）对 CMOS 电路如果事先已将各引线短路，焊前不要拿掉短路线。

3）焊接时间在保证润湿的前提下，尽可能短，一般不超过 3s。

4）最好使用恒温 230℃ 的烙铁；也可用 20W 内热式，接地线应保证接触良好。若用外热式，最好将烙铁断电用余热焊接，必要时还要采取人体接地的措施。

5）工作台上如果铺有橡皮、塑料等易于积累静电的材料，MOS 集成电路芯片及印制电路板不宜放在台面上。

6）烙铁头应修整窄一些，使焊一个端点时不会碰相邻端点。所用烙铁功率内热式不超过 20W，外热式不超过 30W。

7）集成电路若不使用插座，直接焊到印制板上，安全焊接顺序为地端、输出端、电源端、输入端。

（4）瓷片电容，发光二极管等元件的焊接

这类元器件的共同弱点是加热时间过长就会失效，其中瓷片电容等元件是内部接点开焊，发光管则管芯损坏。焊接前一定要处理好焊点，施焊时强调一个"快"字。采用辅助散热措施（如图 5.28 所示）可避免过热失效。

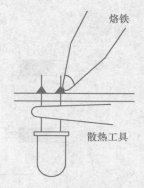

图 5.28　辅助散热示意图

5.6.4　几种典型焊点的焊法

在实际操作中，会遇上各种困难焊点，下面介绍几种典型焊点的操作方法。

（1）片状焊件的焊接法

片状焊件在实际中用途最广，例如接线焊片、电位器接线片、耳机和电源插座等，这类焊件一般都有焊线孔。往焊片上焊接导线或元器件时要先将焊片、导线镀上锡，焊片的孔不要堵死，将导线穿过焊孔并弯曲成钩形，具体步骤如图 5.29 所示。切记不要只用烙铁头沾上锡，在焊件上堆成一个焊点，这样很容易造成虚焊。

如果焊片上焊的是多股导线，最好用套管将焊点套上，这样既保护焊点不易和其他部位短路，又能保护多股导线不容易断开。

（2）槽形、板形、柱形焊点焊接方法

这类焊件一般没有供缠线的焊孔，其连接方法可用绕、钩、搭接，但对某些重要部位，例如电源线等处，应尽量采用缠线固定后焊接的办法。其中槽形、板形主要用于插接件上，板形、柱形则见于变压器、电位器等器件上。其焊接要点同焊片类相同，焊点搭接情况及焊点剖面如图 5.30 所示。

这类焊点，每个接点一般仅接一根导线，一般都应套上塑料套管。注意套管尺寸要合适，应在焊点未完全冷却前趁热套入，以套入后不能自行滑出为好。

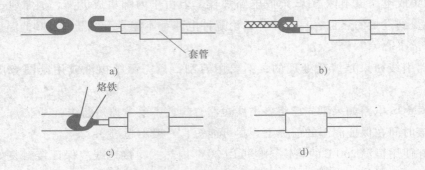

图 5.29　片状焊点焊接方法

a）焊件预焊　b）导线钩接　c）烙铁点焊　d）热套绝缘

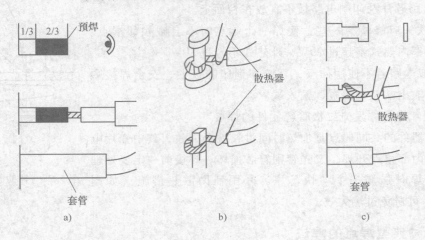

图 5.30　槽形、板形、柱形焊点焊接

a）槽形搭焊　b）柱形绕焊　c）板形绕焊

（3）杯形焊件焊接法

这类接头多见于接线柱和接插件，一般尺寸较大，如焊接时间不足，容易造成虚焊。这种焊件一般是和多股导线连接，焊前应对导线进行镀锡处理。操作方法如图 5.31 所示。

在图 5.31 中：

步骤 1：往杯形孔内滴一滴焊剂，若孔较大用脱脂棉蘸焊剂在杯内均匀擦一层。

步骤 2：用烙铁加热并将锡熔化，靠浸润作用流满内孔。

步骤 3：将导线垂直插入到底部，移开烙铁并保持到凝固，注意导线不可动。

步骤 4：完全凝固后立即套上套管。

（4）在金属板上焊导线

将导线焊到金属板上，关键是往板上镀锡。一般金属板表面积大，吸热多而散热快，要用功率较大的烙铁，根据板的厚度和面积选用 50～300W 的烙铁。若板厚为 0.3mm 以下时，也可用 20W 烙铁，只是要增加焊接时间。

紫铜、黄铜、镀锌板等都很容易镀上锡，只要表面清洁干净，少量焊剂，就可以镀上锡了。如果要使焊点更牢靠，可以先在焊区用力划出一些刀痕再镀锡。

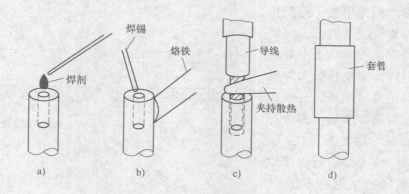

图 5.31　杯形焊点焊接

a）步骤 1　b）步骤 2　c）步骤 3　d）步骤 4

有些表面有镀层的铁板，不容易上锡，因为这种焊件容易清洗，也可使用少量焊油。

铝板因为表面氧化层生成很快，且不能被焊锡浸润，一般方法很难镀上焊锡。但铝及其合金本身却是容易"吃锡"的，因而镀锡的关键是破坏氧化层。如少量焊接时可采用图 5.32 所示的方法，先用刀刮干净待焊面立即加少量焊剂，然后用烙铁头适当用力在板上作圆周运动，同时将焊锡熔化一部分在待焊区，这样靠烙铁头破坏氧化层并不断将锡镀到铝板上。镀上锡后焊线就比较容易了。也可以使用酸性助焊剂，如焊油，只是焊后要及时清洗干净。批量生产应使用专用铝焊剂。

5.6.5　拆焊

调试和维修中常需要更换一些元器件，如果方法不得当，就会破坏印制电路板，也会使换下而并没失效的元器件无法重新使用。

一般电阻、电容、晶体管等管脚不多，且每个引线可相对活动的元器件可用烙铁直接解焊，如图 5.33 所示。将印制板竖起来夹住，一边用烙铁加热一边用镊子或尖嘴钳夹住元器件引线轻轻拉出。当元件引脚露出非焊盘一侧较多，可伸入夹线钳时，也可使用断线法更换元件，如图 5.34 所示。

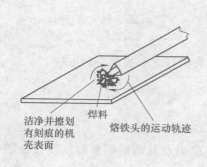

图 5.32　铝板焊接方法

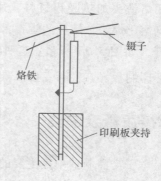

图 5.33　一般元器件拆焊方法

重新焊接时须先用锥子将焊孔在加热熔化焊锡情况下扎通，需要指出的是这种方法不宜在一个焊点上多次使用，因为印制导线和焊盘经反复加热后很容易脱落，造成印制板损坏。在可能多次更换的情况下可用图 5.33 所示的方法。

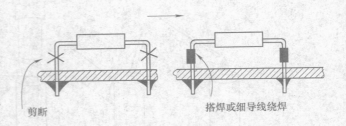

图 5.34　断线法更换元件

当需要拆下多个焊点且引线较硬的元器件时，以上方法就不行了，例如要拆下如图 5.34 所示多线插座。一般有以下三种方法：

1）采用专用工具。如图 5.35 所示，采用专用烙铁头，一次可将所有焊点加热熔化取出插座。这种方法速度快，但需要制作专用工具，需较大功率的烙铁，同时解焊后，焊孔很容易堵死，重新焊接时还须清理。显然这种方法对于不同的元器件需要不同种类的专用工具，有时并不是很方便。

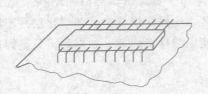

图 5.35　长排插座及解焊专用工具

2）采用吸锡烙铁或吸锡器。这种工具对拆焊是很有用的，既可以拆下待换的元器件，又可同时不使焊孔堵塞，而且不受元器件种类限制。但它须逐个焊点除锡，效率不高，而且须及时排除吸入的焊锡。

3）利用铜丝编织的屏蔽线电缆或较粗的多股导线作为吸锡材料。将吸锡材料浸上松香水贴到待拆焊点上，用烙铁头加热吸锡材料，通过吸锡材料将热传到焊点熔化焊锡。熔化的焊锡沿吸锡材料上升，将焊点拆开，如图 5.36 所示。这种方法简便易行，且不易烫坏印制板。在没有专用工具和吸锡烙铁时不失为行之有效的一种方法。

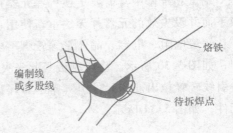

图 5.36　焊点拆焊

5.7　焊接质量及缺陷

焊接是电子产品制造中最主要的一个环节，一个虚焊点就能造成整台仪器设备的失灵。要在一台有成千上万个焊点的设备中找出虚焊点来不是容易的事。据统计现在电子设备仪器中故障的近一半是由于焊接不良引起的。

5.7.1 焊点失效分析

作为电子产品主要连接方法的锡焊点，应该在产品的有效使用期限保证不失效。但实际上，总有一些焊点在正常使用期内失效，究其原因有外部因素和内部因素两种。

外部因素主要有以下三点：

（1）环境因素

有些电子产品本身就工作在有一定腐蚀性气体的环境中，这些气体浸入有缺陷的焊点，例如有气孔的焊点，在焊料和焊件界面处很容易形成电化学腐蚀作用，使焊点早期失效。

（2）机械应力

产品在运输中或使用中往往受周期性的机械振动，其结果使具有一定质量的电子元器件对焊点施加周期性的剪切力，反复作用的结果会使有缺陷的焊点失效。

（3）热应力作用

电子产品在反复通电—断电的过程中，发热元器件将热量传到焊点，焊点与发热器件采用的材料不同，热胀冷缩的性能存在差异对焊点会产生热应力，反复作用的结果也会使一些有缺陷的焊点失效。

应该指出的是设计正确、焊接合格的焊点是不会因这些外部因素而失效的。

除焊接缺陷外，印制电路板、元器件引线镀层不良也会导致焊点出问题，例如印制板铜箔上一般都有一层铅锡镀层或金、银镀层，焊接时虽然焊料和镀层结合良好，但镀层和铜箔脱落同样引起焊点失效。

5.7.2 对焊点的要求及外观检查

1. 对焊点的要求

（1）可靠的电连接

电子产品的焊接是同电路通断情况紧密相连的。一个焊点要能稳定、可靠通过一定的电流，没有足够的连接面积和稳定的组织是不行的。因为锡焊连接不是靠压力，而是靠结合层达到电连接目的，所以如果焊锡仅仅是堆在焊件表面或只有少部分形成结合层，那么在最初的测试和工作中也许不能发现。随着条件的改变和时间的推移，电路会时通时断或者干脆不工作，而这时观察外表，电路依然是连接的，这是电子产品使用中最头疼的问题，也是制造者必须十分重视的问题。

（2）足够的机械强度

焊接不仅起电连接作用，同时也是固定元器件保证机械连接的手段，这就有机械强度的问题。作为锡焊材料的铅锡合金本身强度是比较低的，常用铅锡焊料抗拉强度约为 3 ~ 4.7kg/cm^2，只有普通钢材的 1/10，要想增加强度，就要有足够的连接面积。当然如果是虚焊点，焊料仅仅堆在焊盘上，自然谈不到强度了。常见影响机械强度的缺陷还有焊锡过少、焊点不饱满、焊接时焊料尚未凝固就使焊件振动而引起的焊点晶粒粗大（像豆腐渣状）以及裂纹、夹渣等。

（3）光洁整齐的外观

良好的焊点要求焊料用量恰到好处，外表有金属光泽，没有拉尖、桥接等现象，并且不伤及导线绝缘层及相邻元器件。

2. 典型焊点外观及检查

图 5.37 中所示为两种典型焊点的外观，其共同要求是：

1）外形以焊接导线为中心，匀称，成裙形拉开。

2）焊料的连接面呈半弓形凹面，焊料与焊件交界处平滑，接触角尽可能小。

3）表面有光泽且平滑。

4）无裂纹、针孔、夹渣。

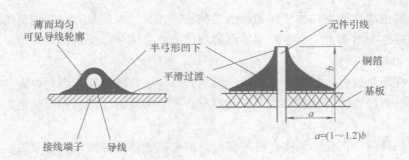

图 5.37　典型焊点外观

所谓外观检查，除目测（或借助放大镜、显微镜观测）焊点是否合乎上述标准外，还包括检查以下各点：

1）漏焊。

2）焊料拉尖。

3）焊料引起导线间短路（即所谓"桥接"）。

4）导线及元器件绝缘的损伤。

5）布线整形。

6）焊料飞溅。

检查时除目测外还要用指触、镊子拨动、拉线等方法检查有无导线断线，焊盘剥离等缺陷。

5.7.3　焊点通电检查及试验

（1）通电检查

通电检查必须是在外观检查及连线检查无误后才可进行的工作，也是检验电路性能的关键步骤。如果不经过严格的外观检查，通电检查不仅困难较多而且有损坏设备仪器、造成安全事故的危险。

图 5.38 所示为通电检查时可能的故障与焊接缺陷的关系。

（2）例行试验

作为一种产品质量认证和评价方法，例行试验有不可取代的作用。模拟产品储运、工作

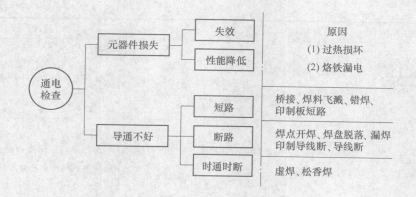

图 5.38 通电检查时可能的故障与焊接缺陷的关系

环境，加速恶化的方式能暴露焊接缺陷。以下是几种常用的试验：

1）温度循环，温度范围大于实际工作环境温度，同时加上湿度条件。

2）振动试验，一定振幅、一定频率、一定时间的振动。

3）跌落试验，根据产品重量、体积规定在一定高度跌落。

以上试验有国家标准，不同产品、不同级别有不同的试验标准。

5.7.4 常见焊点缺陷及质量分析

表 5.1 列出了印制板焊点缺陷的外观、特点、危害及产生原因，可供焊点检查、分析时参考。

表 5.1 常见焊点缺陷及分析

焊点缺陷	外观特点	危 害	原因分析
焊料过多	焊料面呈凸形	浪费焊料，且可能包藏缺陷	焊丝撤离过迟
焊料过少	焊料未形成平滑面	机械强度不足	焊丝撤离过早
松香焊	焊点中夹有松香渣	强度不足，导通不良，有可能时通时断	加焊剂过多，或已失效；焊接时间不足，加热不足；表面氧化膜未去除
过热	焊点发白，无金属光泽，表面较粗糙	焊盘容易剥落，强度降低；造成元器件失效损坏	烙铁功率过大，加热时间过长

（续）

焊点缺陷	外观特点	危　害	原因分析
冷焊	表面呈豆腐渣状颗粒，有时可有裂纹	强度低，导电性不好	焊料未凝固时焊件抖动
虚焊	焊料与焊件交界面接触角过大，不平滑	强度低，不通或时通时断	焊件清理不干净；助焊剂不足或质量差；焊件未充分加热
不对称	焊锡未流满焊盘	强度不足	焊料流动性不好；助焊剂不足或质量差；加热不足
松动	导线或元器件引线可移动	导通不良或不导通	焊锡未凝固前引线移动造成空隙；引线未处理好（润湿不良或不润湿）
拉尖	出现尖端	外观不佳，容易造成桥接现象	热不足；焊料不合格
桥接	相邻导线搭接	电气短路	焊锡过多；烙铁施焊撤离方向不当
针孔	目测或放大镜观测可见有孔	焊点容易腐蚀	焊盘孔与引线间隙太大
气泡	引线根部有时有焊料隆起，内部藏有空洞	暂时导通但时间久了容易引起导通不良	引线与孔间隙过大或引线润湿性不良
剥离	焊点剥落（不是铜箔剥落）	断路	焊盘镀层不良

第6章 电子电路设计实例

6.1 设计题目——可调式移动变压多用充电器

电池的电量随工作时间的延长或用电量的加大会逐渐衰竭，充电电池通过反复充电可以重复使用，多用充电器可解决充电电池在充电过程中的过充、放电等问题。本课程设计拟通过多功能充电器的制作、安装、焊接与调试，使学生熟悉常用电子器件的类别、型号、规格、性能及其应用范围等知识。

6.2 多用充电器的结构

（1）多用充电器的组成结构

多用充电器的型号种类很多，但基本结构是相类似的。其结构主要由电气、显示与机械三部分组成。电气部分由测量电路板、电阻、电容、晶体管、变压器等组成；显示部分由四个发光二极管组成；机械部分由整机外壳、拨动开关、输入线、输出线、散热片及弹簧垫片等组成。多用充电器的外观如图6.1所示。

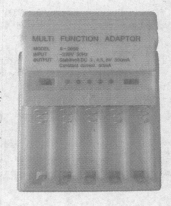

图6.1 多用充电器的外观

（2）多用充电器的电路结构

多用充电器的电路结构如图6.2所示。

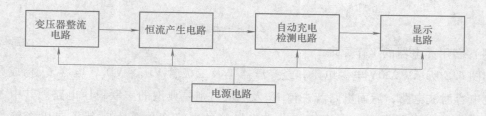

图6.2 多用充电器的电路结构

6.3 多用充电器设计方法及步骤

（1）设计目的

多用充电器的简易系统，使它能够更加适应人们的需求，其主要功能是将220V市电交流电压转换成3~6V直流电压，并多路输出。可直接作为收音机等小型电器的外接电源，或对1~5节镍镉、镍氢电池进行恒流充电。

（2）设计内容及要求

设计内容为利用电力电子半导体元器件，设计一种将电压和频率固定不变的交流电变换为直流电的装置，根据以下技术指标，完成多用充电器的设计、制作、装配与调试。

① 输入电压 U_i 为 AC220V，输出电压 U_o 分三挡，各挡误差为 $\pm10\%$，$U_1=3V$，$U_2=4.5V$，$U_3=6V$；②输出电流 I_o（直流）的额定值为 150mA，最大值为 300mA；③充电稳定电流 $I=60mA$（$\pm10\%$），可对 1～5 节 5 号镍铬电池充电，充电时间约 10～12h；④系统可对过载、短路保护，故障消除后自动恢复。

（3）多用充电器原理图

多用充电器的原理如图 6.3 所示。

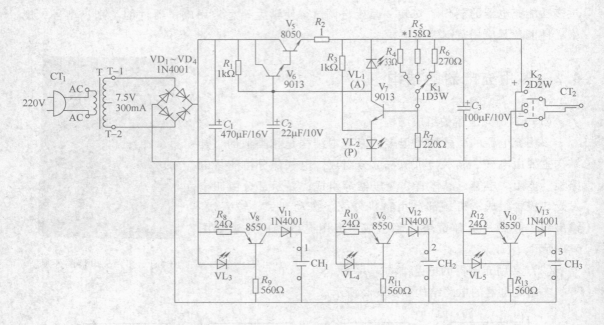

图 6.3　多用充电器原理图

（4）多用充电器的工作原理

如图 6.3 所示，220V 电源电压，经变压器 T 及二极管 VD_1～VD_4，电容 C_1 构成典型全波整流电容滤波电路，后面电路若去掉 R_1 及 VL_1，则是典型的串联稳压电路。其中 VL_2 兼做电源指示及稳压管作用，当流经该发光二极管的电流变化不大时其正向压降较为稳定（约为 1.9V 左右，但也会因发光管规格的不同而有所不同，对同一种 VL 则变化不大，因此可作为低电压稳压管来使用。R_2 及 VL_1 组成简单过载及短路保护电路，VL_1 兼做过载指示。输出过载（输出电流增大）时，R_2 上压降增大，当增大到一定数值后 VL_1 导通，使调整管 V_5、V_6 的基极电流不再增大，限制了输出电流的增加，起到限流保护作用。

K_1 为输出电压选择开关，K_2 为输出电压极性变换开关。

V_8、V_9、V_{10} 及其相应元器件组成三路完全相同的恒流源电路，以 V_8 单元为例，如前所述，VL_3 在该处兼做稳压及充电指示双重作用，V_{11} 可防止电池极性接错。由图可知，通过

电阻 R_8 的电流（即输出整流）可近似地表示为

$$I_{\mathrm{o}} = \frac{U_{\mathrm{z}} - U_{\mathrm{be}}}{R_8} \tag{6-1}$$

式中，I_{o} 为输出电流；U_{be} 为 V_8 的基极和发射极间的压降，一定条件下是常数（0.7V）；U_{z} 为 VL_3 上的正向压降，取 1.9V。

由公式（6-1）可见，I_{o} 主要取决于 U_2 的稳定性，而与负载无关，实现恒流特性。改变 R_8 即可调节输出电流，设计中也可实现大电流快速充电（但大电流充电影响电池寿命），或减小电流即可对 7 号电池充电。当增大输出电流时，可在 V_8 的 c、e 极之间并联一电阻（约为 10Ω），以减小 V_8 的功能。

6.4　整机装配操作过程

整机装配过程可按如下步骤进行：

1）印制电路板 A 设计装配过程：印制电路板图 A 设计→移动设计图形→对板转孔→腐蚀刻板→清洗、涂助焊剂→印制电路板插装→对照检查→焊接器件。

2）印制电路板 B 设计装配过程：印制电路板图 B 设计→印制电路板 B 插装→对照检查→焊接器件。

3）元器件检验过程：元器件检验→工艺处理→印制电路板插装→对照检查→焊接器件。

4）整体检测过程：整机外壳和其他检测→电池夹的安装。

5）总体安装过程：整体安装→对照检查→通电检测→整理验收。

6.4.1　电子元器件测试和装配器件清单及工具

在整体系统安装前，要依据装配清单对所有元器件进行检测并测量。元器件整体装配清单如表 6.1 所示。

表 6.1　多用充电器元器件装配清单

序号	代号	名称	规格及型号	数量	备注	检查
1	$V_1 \sim V_4$，$V_{11} \sim V_{13}$	二极管	1N4001（1A/50V）	7	A	
2	V_5	晶体管	8050（NPN）	1	A	
3	V_6，V_7	晶体管	9013（NPN）	2	A	
4	V_8，V_9，V_{10}	晶体管	8550（PNP）	3	A	
5	$VL_{1,3,4,5}$	发光二极管	φ3 红色	4	B	
6	VL_2	发光二极管	φ3 绿色	1	B	
7	C_1	电解电容	470μF/16V	1	A	
8	C_2	电解电容	22μF/10V	1	A	
9	C_3	电解电容	100μF/10V	1	A	
10	R_1，R_3	电　阻	1kΩ（1/8W）	2	A	

（续）

序号	代号	名称	规格及型号	数量	备注	检查
11	R_2	电　阻	1Ω（1/8W）	1	A	
12	R_4	电　阻	33Ω（1/8W）	1	A	
13	R_5	电　阻	150Ω（1/8W）	1	A	
14	R_6	电　阻	270Ω（1/8W）	1	A	
15	R_7	电　阻	220Ω（1/8W）	1	A	
16	R_8，R_{10}，R_{12}	电　阻	24Ω（1/8W）	3	A	
17	R_9，R_{11}，R_{13}	电　阻	560Ω（1/8W）	3	A	
18	K_1	拨动开关	1D3W	1	B	
19	K_2	拨动开关	2D2W	1	B	
20	CT_2	十字插头线		1	B	
21	CT_1	电源插头线	2A，220A	1	按变压器 AC-AC 端	
22	T	电源变压器	3W，7.5V	1	JK	
23	A	印制电路板（A）	大板	1	JK	
24	B	印制电路板（B）	小板	1	JK	
25	JK	机壳、后盖、上盖	套	1		
26	TH	弹簧（塔簧）		5	JK	
27	ZJ	正极片		5	JK	
28		自攻螺钉	M2.5	2	固定印制电路板小板 B	
29		自攻螺钉	M3	3	固定机壳后盖	
30	PX	排线（15P）	75mm	1	A 板与 B 板间的连接线	
31	JX 接线	J_1	160mm	1	J_9（印制板 B 上面的开关 K_2 旁边的短接线）可采用硬裸或元器件腿	
		J_2	125mm	1		
		J_3，J_4，J_5	80mm	3		
		J_6	35mm	1		
		J_7	55mm	1		
		J_8	75mm	1		
		J_9	15mm	1		
32		热缩套管	30mm	2	用于电源线与变压器引出导线间接点处的绝缘	

工具：电烙铁、焊锡膏、焊锡、螺丝刀、镊子、台式电钻、钻头、刻刀、剪子、尖嘴钳、斜口钳。

注：备注栏中的"A"表示该元器件应安装在大板 A 上，"B"表示该元器件应安装在小板 B 上，"JK"表示该元器件应安装到机壳中。检查栏目用于学生自检记录。

6.4.2　整体系统主要元器件测试

安装前必须对二极管、晶体管、电解电容、电阻、发光二极管、变压器、插头及软线、开关等主要元器件进行测试，测试内容及要求如表 6.2 所示。

表 6.2　主要元器件检测

元器件名称	测试内容及要求
二极管	正向电阻、极性标志是否正确（注：有色环的一边为负极性）
晶体管	判断极性及类型：  8050、9013 为 NPN 型，8550 为 PNP 型，β（晶体管电流放大倍数）大于 50
电解电容	是否漏电，极性是否正确 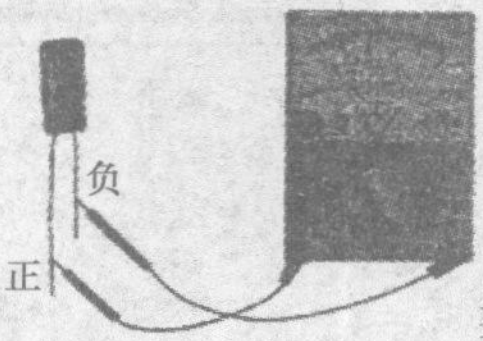　　要求漏电流小，极性正确
电阻	阻值是否合格
发光二级管	极性好坏（用万用表 h_{FE} 功能） 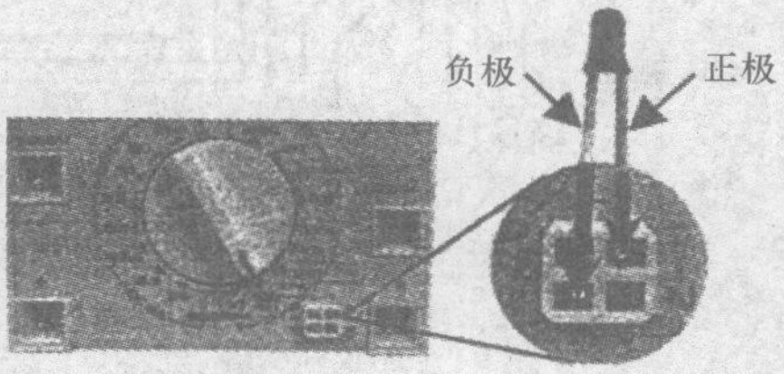
开关	通断是否可靠
插头及软线	接线是否可靠
变压器	绕组有无断路或短路，电压是否正确

6.5　印制电路板的安装及布线焊接

多用充电器系统，外壳内部由 A、B 两块印制电路板、变压器、导线等组成，其中焊接环节是 A、B 两块电路板，如图 6.4 所示。

（1）多用充电器的印制电路板 A 焊接

1）把 A 板的元器件，按照要求的位置进行插放，插放位置如图 6.4a 所示。

2）将全部元器件按卧式焊接，其焊接形式如图 6.5 所示。

3）注意二极管、晶体管及电解电容的极性。测量方法如表 6.2 所示。

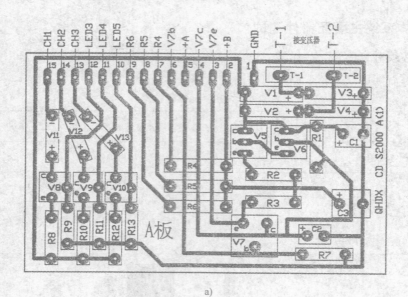

a)

b)

图 6.4　多充电器印制板装配焊接图

a）A 板　b）B 板

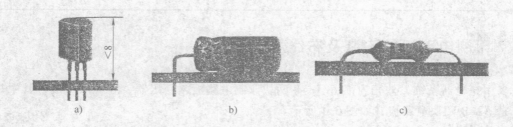

a)　　　　　　　　　b)　　　　　　　　　c)

图 6.5　多充电器元器件焊接形式图

a）晶体管　b）电解电容　c）二极管、电阻

（2）多功能充电器印制电路板 B 的焊接

1）将 B 板的部件 K_1、K_2 从元件面插入，插入到最底端位置，并检查准确无误。其插入位置如图 6.4b 所示。

2）发光二极管 $LED_1 \sim LED_5$ 的管脚较长，其焊接高度要求如图 6.6a 所示。

① 安装发光二极管 $LED_1 \sim LED_5$ 时，其顶部距离印制板高度为 13.5 ~ 14mm。

② 将发光管（5 个）整齐排列，使其露出机壳的高度为 2mm 左右。

③ 观察 LED 的颜色和测量极性。LED 也可先不焊，待其插入 B 板并装入机壳调好位置再焊接。

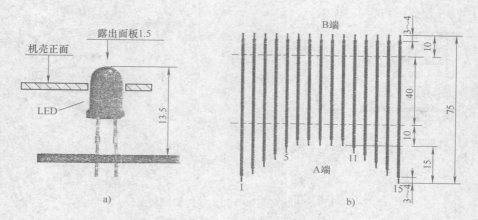

图 6.6　发光二极管元器件与扁平线焊接形式图
a）发光二极管元器件　b）扁平线

（3）布线的焊接

整体扁平线的排线为 15 根线，其排线安装工艺形式如图 6.6b 所示。

① 在扁平 15 线的两端，用剪刀将 15 根线分开。注意两端分开的深度不同，A 端分开的深度为 25mm，B 端分开的深度为 10mm。

② 分别将 A 端左边第 2 ~ 5 根和右边第 11 ~ 14 根线依次剪短，剪短的形状如图 6.6b 所示。

③ 把扁平线中间第 6 ~ 10 根线，均以 15mm 长度剪短，排线中间 40mm 线段必须保持相互连接（不要分开）。

④ 将扁平 15 根线的两头进行剥皮处理，剥去外线皮的长度约为 3 ~ 4mm，然后把每个线头的多股线芯绞合并镀锡，镀锡一定要均匀，不要有毛刺。

⑤ 将扁平线 B 端的 15 根排线与印制板 B 的 1 ~ 15 焊盘依次顺序焊接。

⑥ 焊接十字插头线 CT_2 时，要注意十字插头有白色标记的线焊在有 "×" 标记的焊盘上。

⑦ 焊接开关 K_2 旁边的短接线 J_9。

⑧ 完成以上全部焊接之后，要求按图检查正确无误，待整机装接。

6.6 整机装配工艺

（1）装接电池夹正极片和负极弹簧

1）电池夹正极片凸面向下，先将正极片焊点镀锡，然后将 J_1、J_2、J_3、J_4、J_5 五根导线分别焊在正极凹面焊接点上，如图 6.7a 所示。

图 6.7　电池夹正极片和负极弹簧安装图

a）插入后再弯曲　b）塔簧焊线位置

2）安装塔簧（负极片弹簧），在距塔簧第一圈起始点 5mm 处镀锡，分别将 J_6、J_7、J_8 三根导线（镀锡）与塔簧焊接，如图 6.7b 所示。

（2）电源线连接方法

1）把电源线 CT_1 焊接至变压器交流 220V 输入端。

2）两个接点处，用热缩套管绝缘，热缩套管套上后须加热两端，使其收缩固定。

（3）变压器与焊接 A 板、焊接 B 板与焊接 A 板连线方法

1）把变压器二次引出的导线，焊到 A 板 T-1、T-2 上，如图 6.4a 所示。

2）用 15 根的扁平排线，将 B 板与 A 板对号按顺序焊接。

（4）焊接 B 板与电池片之间的连线方法

把 J_1、J_2、J_3、J_6、J_7、J_8 分别焊接在 B 板的相对应点上，其焊连方法如图 6.8 所示。

（5）部件装入机壳内部的方法

1）焊接、连线、安装完成之后，检查安装的正确性和可靠性，确认无误可装入机壳。

2）把焊好的正极片，先插入机壳的正极片插槽内，然后将其弯曲 90°，操作方法如图 6.7 所示。

3）在使用多功能充电器过程中，为防止电池片的松动掉出，应注意焊线牢固，最好一次性插入机壳。

4）将塔簧顺着槽道插入槽内，焊点在上面。先将 J_4、J_5 两根线焊接在塔簧上，再将左

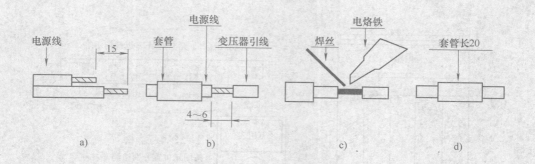

图 6.8 电源线连接安装、焊接图

a）下线 b）绞合 c）焊接 d）套管

右两个塔簧插入相应的槽内，安装位置如图 6.9 所示。

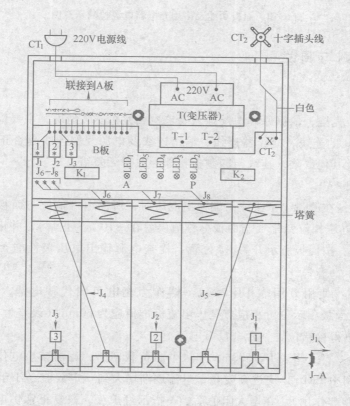

图 6.9 多用充电器整机装配图（后视图）

5）变压器二次引出线朝上，放入机壳的固定槽内。

6）用 M2.5 自攻螺丝钉固定 B 板两端。

图 6.10 所示为面板功能及多用充电器检测示意图。

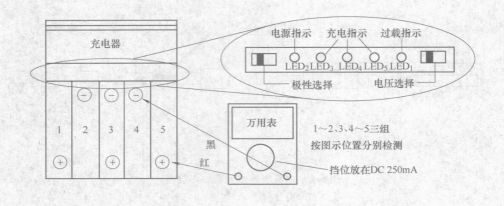

图 6.10　面板功能及多用充电器电源检测示意图

6.7　整机检测与调试

（1）观察检验

系统整体组装完毕，依据原理图及工艺要求检查整机安装情况，主要检查四大环节，即印制电路板 A 和 B 的连线、变压器连线、输出连线及电源线的连线是否正确、可靠，焊点有无短路、虚焊及其他缺陷，连线与印制板相邻导线有无差错。

（2）通电检测

1）电压可调：在测量十字头输出端输出电压时，所测电压值应与面板指示相对应。调节开关 K_1，输出电压相应变化（与面板标称值误差在 ±10% 为正常），并记录该值。

2）极性转换：按面板所示开关 K_2 位置，检查电源输出电压极性能否转换，应与面板所示位置相吻合。

3）充电检测：使用万用表 DC 250mA 挡作为充电负载代替电池，如图 6.10 所示。LED_3 ~ LED_5 应按面板指示位置相应点亮，电流标准值应为 60mA（误差为 ±10%），注意表笔不可接反，也不得接错位置，否则没有电流。

4）过载保护：将万用表 DC 500mA 串入电源负载回路，逐渐减小电位器阻值，面板指示灯 A（即原理图中 LED_1）应逐渐变亮，电流逐渐增大到一定数值（小于 500mA）后不再增大（起保护电路起作用）。在增大阻值后，A 指示灯熄灭，恢复正常供电。注意过载时间不可过长，以免电位器烧坏。

5）负载能力（选做）：负载可以用一个 46Ω/3W 以上的电位器代替，接到直流电压输出端，串接万用表打到 500mA 挡。调电位器使输出电流为额定值 150mA；用连接线替下万用表，测量此时输出电压（注意换成电压挡）。将所测电压与"电压可调"步骤中所测值比较，每一挡电压下降均应小于 0.3V。

6.8　常见故障的检修

在设计的过程中，多用充电器所涉及的故障比较多，也比较复杂，造成故障的原因也较多，需要分析仔细检查。下面介绍一些常见故障及分析方法，可作为参考，如图 6.11 所示。

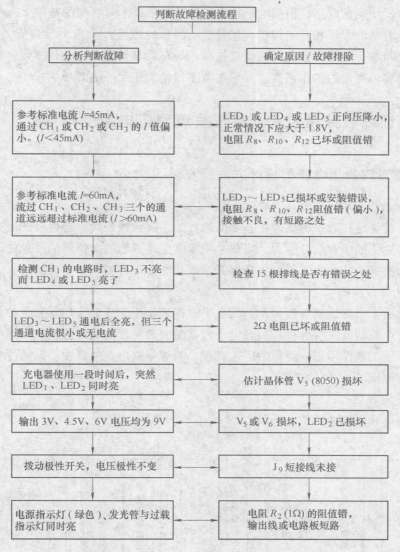

图 6.11　多用充电器常见故障现象及分析流程示意图

第7章 电路课程设计

电路课程设计是在电路、模拟电子技术、数字电子技术等课程的基础上，指导学生独立完成一个电子电路的设计和自制焊接调试稳压电源板的过程。

通过安装调试，应该学会良好的焊接技术，具有元器件种类型号、参数的辨别能力；同时应该学习踏实、严谨的工作态度，并了解电子仪器工业生产的常规工艺。

7.1 基础训练设计题目——集成直流稳压电源设计

7.1.1 集成直流稳压电源的设计方法及步骤

（1）设计教学目的

电路课程设计是在数字电路理论基础上进行的一次大规模的综合性系统设计，通过系统设计可以培养学生的综合设计能力，以此来检验学生是否能够把学到的理论知识综合地运用到一些复杂的数字系统中去，使学生在实践基本技能方面得到一次系统的锻炼。

（2）设计内容及要求

基本掌握手工电烙铁的焊接技术，熟悉手工焊锡常用工具的使用及其维护与修理，独立完成简单电子产品的安装与焊接。熟悉电子产品的安装工艺的生产流程、印制电路板设计的步骤和方法、手工制作印制电路板的工艺流程，能够根据电路原理图、元器件实物，设计集成直流稳压电源板。

（3）设计流程图

电路课程设计流程如图 7.1 所示。

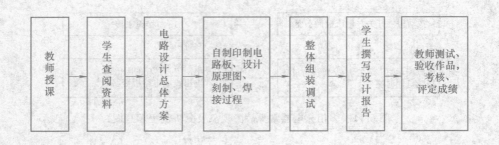

图 7.1 电路课程设计流程图

（4）元器件及工具

直流稳压电源元器件的选择如表 7.1 所示。

表 7.1　电子元器件及工具

元器件标号	元器件名称	型号及参数
D_1、D_2、D_3、D_4	整流二极管	1N4001 × 4 或 1N4148
U_1	集成芯片	CW7805
C_1	电解电容	470μF/25V
C_2	电解电容	1000μF/36V
FT	浮铜板	长 30cm × 宽 20cm

工具：电烙铁、焊锡膏、焊锡、螺钉旋具、镊子、台式电钻、钻头、刻刀、剪子、尖嘴钳、斜口钳。

7.1.2　直流稳压电源组成及作用

直流稳压电源的作用是将交流电转换为直流电。

直流稳压电源的组成如图 7.2 所示。

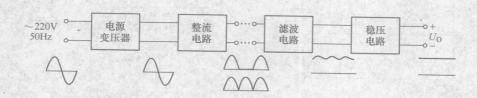

图 7.2　直流稳压电源组成

各部分功能为：

变压器：降压；整流：交流变脉动变直流；滤波：滤除脉动；稳压：进一步消除纹波，提高电压的稳定性和带载能力。

7.1.3　基本原理

单相桥式整流电路是最基本的将交流转换为直流的电路，如图 7.3 所示。

在分析整流电路工作原理时，整流电路中的二极管作为开关运用，具有单向导电性。根据电路图可知：当正半周时二极管 VD_1、VD_3 导通，在负载电阻上得到正弦波的正半周。当负半周时二极管 VD_2、VD_4 导通，在负载电阻上得到正弦波的负半周。在负载电阻上正负半周经过合成，得到的是同一个方向的单向脉动电压。电路中二极管及各支路电流、电压波形如图 7.4 所示。U_2 为 u_2 的有效值。

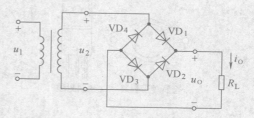

图 7.3　单相桥式整流电路

7.1.4　稳压电路

引起输出电压变化的原因是负载电流的变化和输入电压的变化，如图 7.5 所示。

将串联稳压电源和保护电路集成在一起就是集成稳压器。输入端、输出端和公共端，称为三端集成稳压器。它的电路符号如图 7.6 所示，外形如图 7.7 所示。

7.1.5　芯片元器件

三端固定正输出集成稳压器如图 7.8a 所示，国标型号为 CW78×× /CW78M×× /CW78L××。

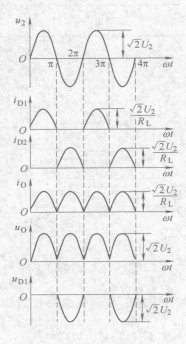

图 7.4　波形图

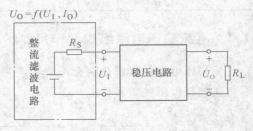

图 7.5　稳压电路框图

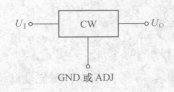

图 7.6　集成稳压器电路符号

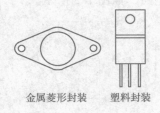

图 7.7　外形图

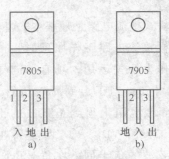

图 7.8　芯片元器件图

a）三端固定正输出集成稳压器

b）三端固定负输出集成稳压器

三端固定负输出集成稳压器如图 7.8b 所示，国标型号为 CW79×× / CW79M×× / CW79L××。

7.1.6　集成直流稳压电源工作原理图

集成直流稳压电源（CW7805）工作原理图如图 7.9 所示。

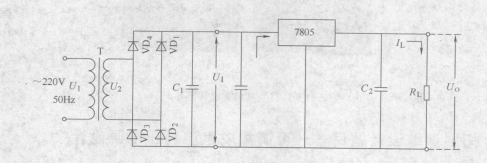

图 7.9　集成直流稳压电源（CW7805）工作原理图

7.1.7　电路课程设计简易故障检测与维修技巧流程

电路课程设计简易故障检测与维修技巧流程图如 7.10 所示。

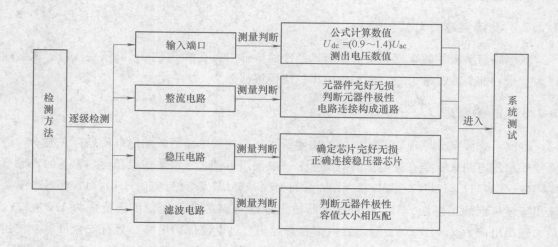

图 7.10　电路课程设计简易故障检测与维修技巧流程

7.1.8　电路课程设计学生基础训练作品

基础训练作品（印制电路板焊接及元器件布置）如图 7.11 所示。

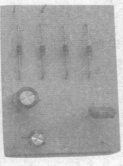

图 7.11　基础训练作品

7.2　拓展训练设计题目——可调集成直流稳压电源设计

7.2.1　设计内容

设计题目，使学生独立完成稳压电源的设计计算、元器件选择、安装调试及指标测试，进一步加深对稳压电路的工作原理、性能指标、实际意义的理解，达到提高工程实践能力的目的。在试验中有很多集成芯片（电路）需要可调的直流稳压源，在参考设计指导下，制作一个正极性直流稳压电源。

7.2.2　设计要求

该电路与单极性的直流稳压电源对元器件的要求主要有两点不同：降压变压器的输出端口为有中心抽头的三输出线；多了负电压稳压模块部分。

7.2.3　电路原理

整流、滤波部分原理如基础训练的内容所述，经滤波电路后的输出电压还存在波动，因而需要稳压电路来稳定直流电压的电压量，一般采用可调式三端集成稳压器。常见的产品有CW317、CW337、LM317、LM337（CW 系列为国产，LM 系列为美国产），317 系列稳压器输出连续可调的正电压，337 系列稳压器输出连续可调的负电压，可调范围为 1.2～37V，最大输出电流 I_{OMAX} 为 1.5A。稳压器内部含有过热、过电流保护电路，具有安全可靠、使用方便、性能优良等特点。CW317 与 CW337 系列引脚功能相同，图 7.12a 所示为封装引脚图，图 7.12b 和图 7.12c 所示为构成的典型稳压电路。

图 7.12c 中，R_1 与 RP_1 组成电压输出调节电路，输出电压 U_o 的表达式为：

$$U_o \approx 1.25\left(1 + \frac{RP_1}{R_1}\right)$$

式中，$R_1 = 120～240\Omega$，流经 R_1 的电流为 5～10mA；RP_1 为精密可调电位器。

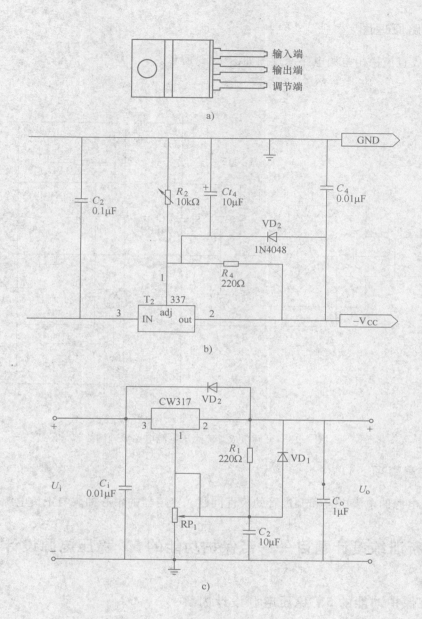

图 7.12 封装引脚及典型应用电路

a）封装引脚图 b）337 典型应用电路 c）317 典型应用电路

电容 C_2 与 RP_1 并联组成滤波电路，减小输出的纹波电压。输出端对地短路时，由于 C_2 上积累的电荷沿闭合回路运动而中和，会产生正常情况下的相反的电压值，有了单向导通的二极管 VD_1，反向的电流将沿 VD_1 放掉，而不会流过稳压芯片将其烧毁（相当于芯片被 VD_1 短路了）。二极管 VD_2 的作用与 VD_1 相同，当 RP_1 上电压低于 7V 时可省略 VD_2，由于 317 是依靠外接电阻给定输出电压的，所以，R_1 应紧接在稳压输出端和调整端之间，否则输出端电流大时，将产生附加压降，影响输出准确度。

7.2.4 电路原理图

可调集成直流稳压电源电路原理图如图 7.13 所示。

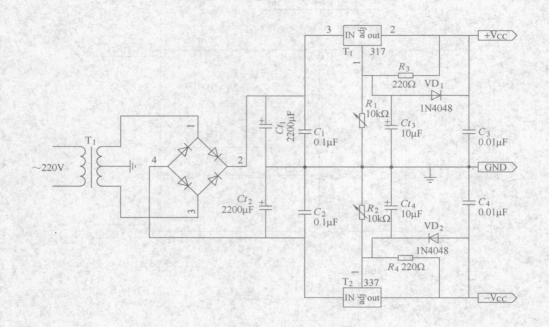

图 7.13   可调集成直流稳压电源电路原理图

7.2.5 注意事项

注意负电源的电解电容和二极管的极性问题,变压器的中心抽头与正负电源要共地。

7.3   创新训练设计题目——带保护功能的 5V 稳压电源设计

7.3.1 带保护功能的 5V 稳压电源设计内容

要求设计一台具有扩流和过压保护装置,可在实验室进行电路实验,也可用作固态电路和微处理机的供电电源,还可用作专用仪器、仪表等其他电路的电源。

7.3.2 带保护功能的 5V 稳压电源设计要求

采用集电极输出串联型稳压方式,纹波少,稳定度高,具有过压保护。

7.3.3 电路原理图

带保护功能的 5V 稳压电源电路原理如图 7.14 所示。

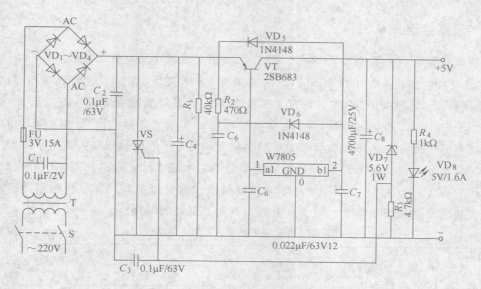

图 7.14　带保护功能的 5V 稳压电源电路原理图

7.3.4　工作原理

闭合电源开关 S，电网 220V 电压经变压器降压得到 11.5V 交流电，二极管 VD₁~VD₄ 桥式整流，电容 C_4 滤波，集成稳压器 W7805 的稳压可获得平滑的 5V 直流电压。集成稳压器 W7805 的最大输出电流为 1.5A，图中的大功率晶体管 VT 起扩流作用，可使输出电流大于 1.5A。这是一种并接式扩流方式，即 W7805 的①脚与 VT 的基极相连，W7805 的②脚与 VT 的集电极相连，这样两输出电流之和可达到 6A。如果需要更大的电流，可采用 2~3 只大功率管并联。

W7805 集成稳压器内部含有过热和安全区保护电路。尽管如此，由 W7805 和晶体管 VT 等组成的稳压电源输出端，仍有可能发生瞬间过压。为确保负载的安全，本电源又增设了过压保护电路，该电路由稳压二极管 VD₇、电阻 R_3、晶闸管 VS 和快速熔断器 FU 等组成。

本电源正常工作时输出电压为 5V，晶闸管 VS 呈截止状态。当由于某种原因（如集成电路损坏或调整管击穿）使输出电压超过限定值时（即不小于 5.6V），稳压管 VD₇ 击穿，这样电阻 R_3 上的电压升高使晶闸管 VS 触发导通，引起熔断器 FU 熔断，从而保护了负载。

在扩流管 VT 的发射极与集电极间和集成稳压器 W7805 的①、②脚分别并联了二极管 VD₅ 和 VD₆，用来保护扩流管和集成电路。当输入端发生短路或输出端过压而使晶闸管 VS 导通造成输入端短路时，稳压管输入端电压因熔断器熔断立即为零，而输出端电容器 C_8 上充足的电荷则不能立即释放，因而造成输出端瞬间电压高于输入端电压，为了防止这个反向峰值电压击穿 VT 功率管或集成稳压器 W7805，利用二极管 VD₅ 和 VD₆ 将此电荷泄放掉。

C_1 和 C_2 是二极管 VD₁~VD₄ 的输入和输出电容器，可抑制高频谐波干扰。电阻 R_1 为电容 C_4 提供泄放电流回路。发光二极管 VD₈ 用于工作指示。

7.3.5 元器件选择

大功率晶体管 VT 型号为 2SB683，其特性参数见表 7.2。整流二极管 $VD_1 \sim VD_4$ 选用 1N4007 或全桥整流块 5A/400V 即可。单向晶闸管 VS 型号为 JCT02，其特性参数见表 7.3。稳压二极管 VD_7 型号为 2CW103。对发光二极管 VD_8 的型号无特殊要求。除电阻 R_1 标称功率应不小于 3W 外，其余均为 $1/4 \sim 1/2$ 金属膜电阻。其他元器件按图 7.14 所标注的选用。材料极性主要用途主要参考代换型号国外国内硅 PNPNF/S—L 低频用开关和功率 100V、5A、40WBD224C、BD602、2SD7133CA6D 型号同类型号芯片尺寸封装形式 JCT022P4M 1.56mm × 1.56mm TO-202、TO-126F 主要用于小电动机控制器、漏电保护器、彩灯控制器、逻辑电路驱动、大功率晶闸管门极驱动、电子点火器及其他开关控制电路。

表 7.2　大功率三极管 VT 的主要特性

材料	极性	主要用途	主要参考	代换型号	
				国外	国内
硅	PNP	NF/S-L 低频用开关和功率	100V、5A、40W	BD224C、BD602、2SD713	3CA6D

表 7.3　单向晶闸管 VS 的主要特性

型号	同类型号	芯片尺寸	封装形式
JCT02	2P4M	1.56mm × 1.56mm	TO-202、TO-126F
典型应用	主要用于小电动机控制器、漏电保护器、彩灯控制器、逻辑电路驱动、大功率晶闸管门极驱动，电子点火器及其他开关控制电路		

7.3.6 制作与使用说明

大功率扩流管 2SB683 和稳压集成电路 W7805 均属功耗较大的器件，除采用标准大功率晶体管外壳封装外，还必须加装足够散热面积的散热器。如果散热不良，稳压器的过热保护电路将会限制正常的电流输出。

应将发光二极管 VD_8 和熔断器装在本装置的前后面板上，以便于显示和更换。电路全部安装完毕后，用一台自耦变压器接在本电路的输入端，将电压调到大于 240V，此刻单向晶闸管 VS 导通工作，导致 FU 熔断，无输出电压，这说明该电路工作可靠。然后，将自耦变压器退出，接入负载即可投入使用。

通过直流稳压电源电路的基础、拓展、创新三个层次实训的设计过程，要求学生学会：

1）选择变压器、整流二极管、滤波电容及集成稳压器来设计直流稳压电源。

2）掌握直流稳压电源的调试及主要技术指标的测试方法。

3）完成整个电路理论设计、绘制电路图。

第8章 电子技术课程设计

8.1 基础训练设计题目——晶体管超外差六段调频收音机设计

8.1.1 晶体管超外差收音机的设计方法及步骤

（1）设计教学目的

学生根据课题要求，通过查阅资料、调查研究等，独立完成课题的方案设计、元器件的选择，进行电路设计与仿真分析，有能力的学生可完成印制电路板的制作和在印制电路板上完成硬件电路的安装、调试和指标测试。

（2）设计内容及要求

熟悉超外差式晶体管收音机各组成部分和电路元件的作用原理；初步掌握超外差式晶体管收音机的统调方法。通过收音机的通电监测调试，了解一般电子产品的生产调试过程，学会各种基本电子元件的识别与参数判断。熟悉实验电路板上偏置电阻、中周和微调电容的位置。了解常用电子器件的类别、型号、规格、性能及其使用范围，能查阅有关的电子器件图书。初步学习调试电子产品的方法，培养检测能力及一丝不苟的科学作风。

（3）设计流程图

电子技术课程设计流程图如图8.1所示。

图 8.1　电子技术课程设计流程图

（4）元器件及工具

电子元器件及工具的选择如表8.1所示。

表 8.1　元器件及工具

元器件	型号	数量	位号	元器件	型号	数量	位号
晶体管	9013	2	V_5、V_6	中频变压器 （中周）	TF10 （白色）	1	T_3
晶体管	9014	1	V_4				
晶体管	9018	3	V_1、V_2、V_3	中频变压器 （中周）	TF10 （绿色）	1	T_4
振动线圈 （中周）	TF10 （红色）	1	T_2				
				发光二极管	φ3（红色）	1	LED

（续）

元器件	型号	数量	位号	元器件	型号	数量	位号
输入变压器	绿色	1	T_5	电解电容	4.7μF	1	C_6
磁棒及线圈	4×8×80mm	1套	T_1	电解电容	10μF	1	C_3
扬声器	0.5W8Ω φ57mm	1	BL	电解电容	100μF	3	C_8、C_9、C_{10}
				耳机插座	φ3.5mm	1	CK
电位器	10kΩ	1	RP	双联电容	CBM-223pF	1	CBM
电阻	100Ω	3	R_6、R_8、R_{10}	机壳上下盖		2	
电阻	120Ω	2	R_7、R_9	刻度面板		1	
电阻	510Ω	1	R_{11}	调谐拨盘		1	
电阻	1.8kΩ	1	R_2	电位器拨盘		1	
电阻	30kΩ	1	R_4	磁棒支架		1	
电阻	100kΩ	1	R_5	印制电路板		1	
电阻	120kΩ	1	R_3	电池极片		3	
电阻	200kΩ	1	R_1	导线	红、黑、黄	4	
瓷片电容	682	1	C_2	螺钉	PM2.5×4	3	
瓷片电容	103	1	C_1	螺钉	PM1.7×4	1	
瓷片电容	223	4	C_4、C_5、C_7、C_{11}	螺钉	PA2×6	1	

工具：电烙铁、焊锡膏、焊锡、螺钉旋具、镊子、台式电钻、钻头、刻刀、剪子、尖嘴钳、斜口钳。

8.1.2　直接放大式收音机

收音机的任务是从许多电台发射的高频电波中选出要收听电台的信号，然后加以检波和放大，并把它还原成声音。所以一部收音机必须具备的基本电路是：输入电路、检波电路和放大电路。这种电路的特点是：从天线经输入电路传来的高频信号，在检波前不改变原来的频率，直接送到高频放大器中区放大，称为"直接放大式"。

（1）直放式收音机的特点

直接放大式收音机的优点是：结构简单，成本低，容易制造，但性能不太理想。首先是对各种频带的放大作用很不均匀，即使是对同一频率放大作用也不一样。所以收音机工作在多波段时就很不理想。另外整机的灵敏度、选择性等主要指标都不能提高到令人满意的程度。

（2）超外差

外差：输入信号和本机振荡信号产生差频的过程。

超外差：输入信号和本机振荡信号产生一个固定中频信号的过程。因为它是比高频信号低，比低频信号又高的超音频信号，所以这种接收方式称为超外差式。

优点：灵敏度高、选择性好、音质好（通频带宽）、工作稳定（不容易自激）。

缺点：镜像干扰（比接收频率高两个中频的干扰信号）等。

（3）超外差式收音机电路的主要特点

超外差式电路，把输入电路送来的电台信号，经过收音机本身的作用变成一个固定的中频，使变频级以后的高频放大器总是固定在这样一个频率上工作，因此克服了对各中频带放大作用不均匀的缺点，这种作用称为"变频"。

为了实现变频，收音机内有一个叫做"本机振荡电路"的振荡器。"本机振荡电路"总是跟踪着欲收听信号，产生比它高出一个固定频率的等幅振荡信号。这两个信号同时送入收音机的变频电路，利用放大元件的非线性部分混频，从变频级送出来时，就变成了一个新的频率了。如果振荡和混频分用两个管子，就叫做"外差式"，如果用一个管子就叫做"自差式"。在半导体收音机中，一般都是用一只管子同时担任本机振荡和混频，实际上应当是"自差式"电路，但在习惯叫法上并不加区别，统称"外差式"。为什么叫"超外差式"呢？为了便于统调，总是使本机振荡频率比欲接收信号频率高出一个固有频率，这就是"超外差式"一词的由来。

超外差收音机中变频后的固有频率，一般都选择较低的高频，称为中频。我国广播收音机的中频统一为 465kHz。

超外差机因为使用了中频，使变频级以后的高频放大器总是工作在不变的频率下，因此可以获得较高的增益。习惯上把放大中频信号的高频放大器叫做"中频放大器"。一般的半导体超外差机都有二级中放。因此，高频信号在检波前已经三次放大，增益很高，可大大提高检波效率。另外，每个中放级两端都接有由中频谐振回路做成的耦合电路，使收音机的选择性大大提高。

8.1.3 超外差式收音机工作原理

超外差式收音机工作原理如图 8.2 所示。

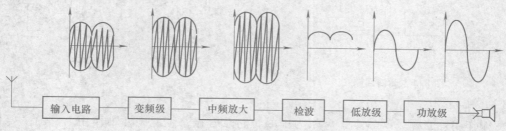

图 8.2 超外差式收音机工作原理图

超外差式收音机电路原理如图 8.3 所示。从电路原理图上看，以 VT_1 为核心构成变频级，其中，T_2 为振荡线圈，是本机振荡器的反馈网络与选频网络；T_3、T_4 为 465kHz 带通滤波器（中心频率 465kHz，带宽很窄），它仅传输 465kHz 的窄频带；VT_2 为中频放大管，构成中频放大级；VT_3 构成检波放大级；VT_4 构成低频放大级；VT_6、VT_7、T_5、T_6 组成互补功率放大级。

1. 调谐回路

调谐回路如图 8.4 所示，由可变电容 C_a、C_b 和天线线圈 L_1 组成。调节可变电容 C 可使 LC 的固有频率等于电台频率，产生谐振，以选择不同频率的电台信号。再由 L_2 耦合到下一变频级。

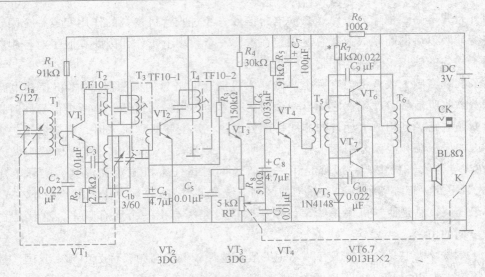

图 8.3　超外差式收音机电路原理图

2. 变频回路

变频回路由混频、本机振荡和选频三部分电路组成，如图 8.5 所示。

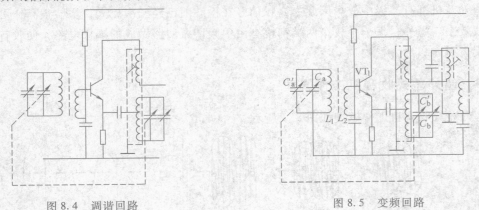

图 8.4　调谐回路　　　　　　　　　图 8.5　变频回路

（1）变频级

变频作用：变频级以晶体管 VT_1 为中心，它兼有振荡、混频两种作用。它的主要作用是把输入的不同频率的高频信号变换成固定的 465kHz 的中频信号。在调节电容 C_a 选择收听频率为 f 的电台信号的同时，双联可变电容器的另外一联可变电容器 C_b 与振荡线圈的电感 L 并联谐振在 $f+465kHz$ 频率上。这两个不同频率的信号同时送到静态工作点设置很低的非线性明显的晶体管 VT_1 上，即可以由 T_3 选出其差频 465kHz 信号送入中放级 VT_2 的基极。

（2）本振回路

本振条件：正反馈（相位条件）幅度（反馈量要足够大）由晶体管 VT_1、可变电容 C_b、振荡变压器（简称中振或短振）T_2 和电容 C_3 构成变压器反馈式振荡器。它能产生等幅高频振荡信号，振荡频率总是比输入的电台信号高 465kHz。

（3）混频电路

由调谐回路和本振电路组成。

天线所接收信号由 L_2 耦合到 VT_1 的基极，本机振荡信号通过 C_3 耦合到 VT_1 的发射极。两种频率的信号在 VT_1 中混频，混频后由集电极输出各种频率的信号。其中包含本机振荡。

（4）选频电路

选频电路如图 8.6 所示，由 T_3 的一次线圈和谐振电容 C 组成并联谐振电路，它的谐振频率在 465kHz，对 465kHz 的中频信号产生最大的电压，并且通过二次线圈耦合到下一级去。

（5）变频实例

假定外来信号 $f_s = 1000\text{kHz}$，本振信号 $f_L = 1465\text{kHz}$，则经变频后产生的差频信号为 465kHz（$f_L - f_s$），如图 8.7 所示。

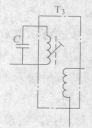

图 8.6　选频电路

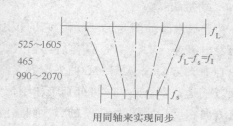

用同轴来实现同步

图 8.7　变频实例

3. 中放级

输入电台信号与本振信号差出的中频信号 f_I 恒为某一固定值 465kHz，它可以在中频"通道"中畅通无阻，并被逐级放大，即将这个频率固定的中频信号用固定调谐的中频放大器进行放大。而不需要的邻近电台信号和一些干扰信号与本振信号所产生的差频不是预定的中频，便被"拒之门外"，因此，收音机的选择性也大为提高。

中放回路如图 8.8 所示。选频级输出的中频信号由 VT_2 的基极输入并进行放大，中放电路中的负载是中频变压器 T_4 和谐振电容 C。它们也是并联谐振在中频 465kHz。

4. 检波

检波电路如图 8.9 所示。检波工作由晶体管 VT_3 的 be 结来完成，由于 VT_3 的基级电位 $UT_3 = UT_2 \approx 0.7\text{V}$，故 VT_3 处于微导通工作状态。注意到 C_6 的旁路效应，VT_3 基本上工

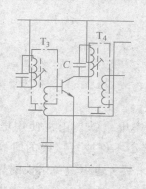

图 8.8　中放回路

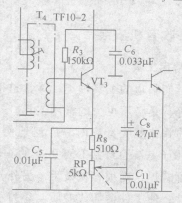

图 8.9　检波电路

作于乙类共集电极组态。在其发射极电阻上输出被检波的放大信号，可以认为仅有调幅中频波的上半周期。C_5 和 C_{11} 滤除了其中的高频分量，而其中的音频信号经 W 电位器与 C_8 隔直流电容把交流音频信号加到低频前置放大级 VT_4 的基极。

5. 低放级

低放级电路如图 8.10 所示。低放级主要任务是把音频信号进行放大，使功放级得到更大的音频信号电压，使收音机有足够的音量。采用一级前置放大，一级变压器输出功放的低放电路，这也是普及型收音机中常见的低放电路。VT_4 等组成前置放大级，兼作推动级，T_5 为输入变压器，二次侧中间抽头，用以推挽倒相。

共发射级组态的 VT_4 把被检出的音频信号给以足够的增幅后，经 T_5 输出给功率放大级。

6. 功放级

功放极电路如图 8.11 所示。它的作用是把放大后的音频信号进行功率放大，以推动扬声器发出声音。VT_6、VT_7 晶体管与输入、输出变压器等组成乙类推挽功放。注意到 T_5 二次侧中心抽头与 T_6 一次侧中心抽头均为交流地，则 VT_6 与 VT_7 的基极所输入的信号相位彼此相反。于是，VT_6 与 VT_7 将分别工作于信号的正半周期与负半周期，且在 T_6 一次侧产生的电流方向相反，这样就在 T_6 的二次侧感应出音频的交流电压，推动扬声器发出声音。

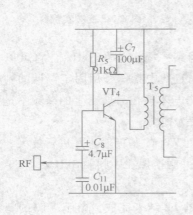

图 8.10　低放级电路

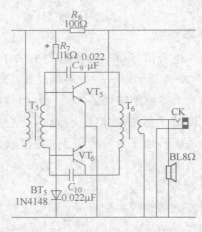

图 8.11　功放级电路

8.1.4　收音机安装

1. 常用工具

同学们手边的工具种类，常常是很不齐全的。但烙铁、剪刀、镊子、小刀、螺钉旋具、尖嘴钳等，是必不可少的常用工具。

目前在装配收音机时，广泛地使用 45W 以下的小功率电烙铁，正常使用电压一般为 220V。镊子是配合焊接必不可少的一件工具，特别是焊接小零件或短接线的时候，如果直接用手拿着焊，则很容易烫手。另外，用镊子夹着小零件来焊，也可避免烙铁的热量从焊点传入零件，使零件烫坏或变质。小刀主要用来刮电线、电阻、电容等上面的绝缘物。螺钉旋具用来旋紧固件的各种螺钉。尖嘴钳是用来装拆比较小的螺帽和夹持小零件的一种必备工具。

2. 焊接

焊接时应依照顺序逐级进行，焊接前应该先把可变电容、中频变压器、低频变压器电位器等元件装好，磁棒可以等焊完全部元器件后再放，以免碍事。焊接时先焊阻容元件，管子和上偏置电阻可以等调整工作点时，由后到前调一级焊一级，这样可以防止损坏管子。半导体机中的许多元器件，特别是半导体管是怕热的，焊接时最好使用 $25M\Omega$ 烙锡丝。焊药用松香，既易清除，又不会腐蚀元器件。此外，应注意以下几点：

1）注意导线、元器件引线的焊点，焊接之前都要先用小刀刮净镀锡。焊接时把烙铁放在焊点上将锡熔化，然后迅速将元器件引线插入，立即取去烙铁并将焊点吹冷。

2）晶体管是最怕热的，焊接时必须用尖嘴钳夹住管脚引线散热。焊接速度要尽可能快。

3）焊完每一焊点后，都要用尖嘴钳夹住元器件引线轻轻摇动，检查是否焊牢，防止虚焊。

4）焊接时要小心，不要烫坏附近的元器件。

由于焊点的质量与收音机的正常工作很有关系，所以焊接时一定要仔细，确保每一焊点的质量良好。

8.1.5　整机调试

1. 调试前的准备工作

（1）整机检查和清理

收音机装好以后，应当经过检查后，才可以通电调整，如不经检查，盲目通电，就有可能损坏元器件。

检查内容是：

1）按照线路图，认真检查各元器件连接是否正确。

2）逐个检查各元器件和焊点，可以轻轻拨动各元器件，一方面查清焊接是否牢靠，有没有漏焊和虚焊；另一方面可把各元器件排列整齐，以免与机壳或者其他元器件相碰。

查有没有掉在机体内的线头、焊锡等杂物，如有应把它们清理干净，防止造成短路。

（2）调试步骤

1）调试各级工作点；

2）通电试听，检查各级是否已开始工作；

3）调低放部分，以获得最大输出；

4）调试中频放大级；

5）调试变频器。

2. 工作点的调整

每一个放大器，都有一个最佳的工作点。因为半导体管参数的一致性都很差，难以统一设计偏流电阻，所以实际上都是用逐级调试的方法，最后确立各级放大器的工作点。在使用电流反馈式偏置电路时，基极接有两只偏流电阻，对 PNP 管而言，把接电源负极的一只叫做"上偏流电阻"，把接地的一只叫做"下偏流电阻"。从确立基极偏流的角度上说，调整其中的任何一只都可以。但因下偏流电阻并接在管子的输入端，它的变动对放大器输入阻抗影响较大，所以变动下偏流电阻是不合适的，实用上都是事先设计好下偏流电阻，然后调整上偏流电阻为实现工作点。

放大器的工作点都是以集电极电流形式给出的，调整时可在集电极回路串入一只直流毫安表（用万用表的直流毫安档），改变上偏流电阻的阻值，观察集电极电流的变化，直到达到需要的数值为止。调整工作应从末级开始，依次前进。为了保护管子，安装时可将各晶体管及相应的上偏流电阻暂时不装，调整工作点时，自后向前调一级装一级。如果事先已装好三级管，那么在未调试以前，就要先接上一只 $50\mathrm{k}\Omega$ 以上的上偏流电阻，待调整时再取下来，不要使基极开路。

下面以本电路末级推挽功放级说明工作点的调整方法。

如图 8-3 所示，将 VT_6 的集电极回路（从 X 处）断开，串入一只直流毫安表，然后在上偏流电阻 R_7 的位置上换接一只 500Ω 的保护电阻 R' 和一只电位器（$R = 47\Omega$）组成的串联电路。打开电源开关，电表上便指出集电极电流之值。然后缓缓转动电位器，并观察电表指示至所需要的集电极电流（$I_c = 2 \sim 6\mathrm{mA}$）为止。再切断电源，取下 R'、R，测得总阻值 $R' + R$ 即为上偏流电阻之值，选一只这样的电阻接上去就可以了。接好以后，最好检查一下集电极电流是否合适，只要与要求的值差不太多就可以。其他各级的调整方法与此相同，但要注意选用对应集电极电流合适的保护电阻值。

在调甲类功放级时，集电级电流很大，有时会出现无论怎么减少偏流电阻，集电极电流也不能达到预期值的情况。出现这种情况，说明管子的 β 值太小，应换一只 β 值大的管子试试。

3. 通电实验

各级工作点调整完以后，整个收音机就焊完了。这时应再按前面提到的"检查"内容检查一遍，确认无误后，即可开始通电实验。打开电源开关，扬声器即应发出轻微的电流声。然后用万用表的直流电压 10V 挡检查一下各级电压是否正常，如见异常，应立即查明原因并处理好。做完电压检查工作后，即可从末级开始，向前逐级检查放大器的工作情况。方法是用螺钉旋具逐个触碰各管基极，扬声器均发出"咯咯"的声音，触到哪一级不响，说明该级有毛病，要查明原因并处理好。在触碰功放管基极时，声音很小，可用螺钉旋具将功放管集电极对地瞬时短路，扬声器应发出响亮的"咯咯"声，表示扬声器工作正常。对于低放级，因信号可经两次放大，只要触碰基极就应有响亮的"咯咯"声，在检查检波级时，可将二级管正级对地瞬时短路，如有同样声音，表示检波级工作正常。中放级可用同样方法检查，但一般触碰第二中放管时声音较小，这是正常现象。上述检查完成后，如果都正常，说明各放大器基本上可以工作，这时应进一步检查本振电路是否起振。

判断振荡是否起振有两种方法：简单的方法是用螺钉旋具敲击天线插孔，扬声器应发出响亮的"咯咯"声，如果停振则声音很小；其次是用起子分别触碰双联的两组定片，如扬声器发出同样响亮的"咯咯"声，说明已振荡。若碰输入声大，碰本振声小，说明不起振。

另一种方法是用万用电表直流电压 10V 挡，测 R_2 电阻（发射极电阻）两端电压，表针应指出某一数值。然后用螺钉旋具将振荡短路一下，指针应有小量摆动，说明已起振，否则说明不起振。如果不起振，很可能是反馈线圈接反了，可将两头对调试试。若仍不起振，则可能是振荡电压太低或振荡部分元件有毛病。

4. 低频放大器的调整

调整本级主要是为了取得在允许失真情况下的最大增益或输出功率。可用音频信号发生器和示波器来调整。先调功放级，然后调末前级。实际就是重新调整工作点，以获得在允许失真的情况下的最大输出。调整时接收一个强力电台接入（在 X 处）毫安表，转动电位器 R，使放音最响又不失真，看集电极电流是多少毫安。如果是乙类放大器，可从电表上明显看出指针的摆动，指针摆动幅度就是有信号时的集电级电流最大值的振幅。此值在大信号时为 $10 \sim 20\text{mA}$。如果太小，说明前级增益不够，或功放管 β 值太低，所以输出功率不大，应换 β 值大的管子试试。末前级的调整与此相同。

5. 中放级的调整

中放级的调整也应从后面向前，先调第二中放级，再调第一中放级。调整的内容是中和电容和中频变压器。

如果通电以后，收音机啸叫不止，则可能是中放级自激，此时应调整中和电容使啸叫停止。中和电容，可使用小型半可变电容。如果调整中和电容仍不能消除啸叫，可能是负反馈电路接反，变成正反馈，使放大器产生了振荡，这时应将负反馈输出端接头对调试试。如果负反馈并未接反，则可能是振荡电压过强，此时应先调整振荡电压。

调好中和电容以后，转动双连收听一个电台，然后从第三只中频变压器开始，逐个向前转动磁心至声音最大为止。各级中频变压器会互相牵制，调整工作往往要反复两三次，直到最佳为止。这时三只中频变压器基本上就已谐振在预定的中频上了。

6. 变频级的调整

这里主要讲振荡电压的调整，频率覆盖和跟踪的调整省略，在超外差机中，要求振荡电压强弱适度、稳定、均匀。

如振荡电压过强，会产生啸叫，破坏收音机或使振荡不稳定。

如振荡电压过弱，会使收音机灵敏度大大下降，而且还可能随时产生停振，不能收听到声音。

如振荡电压不均匀，则会出现一部分增益高，一部分增益低的现象。这都是不希望有的。振荡电压调整办法为：

1）改变振荡管的工作点。振荡电压的强弱与工作点电流有关，增大集电极电流，可使振荡电压提高，但太大了会增加整机噪声，一般在 $0.4 \sim 0.8\text{mA}$ 比较合适。

2）利用电阻衰减振荡。如果振荡电压太强，可以在谐振回路中串联一只损耗电阻（10Ω 左右），或在抽头和地之间并联一只电阻（200Ω 左右），用来消耗一部分振荡功率，减弱振荡电压。

8.1.6 收音机常见故障的检修

1. 无声

（1）故障分析

收音机无声故障可以分为两种：一种是完全无声；一种是有一点"沙沙"声，但收不到台。对前一种故障，从故障现象分析，故障部位发生在电源、扬声器、输出耦合电容的可能性比较大。对后一种故障，可根据旋动音量电位器来判断故障部位。若旋动音量控制电位器时"沙沙"声不变，故障多出在低放级；若"沙沙"声随音量控制电位器的变化而变化，则故障部位在检波级以前。

（2）检修步骤

1）接通电源将音量电位器 W 顺时针转至最大，判定扬声器有否声音。若无声，用万用表 10V 电压挡测量 C_7 两端电压，若无 1.5V 电压，则故障为电池或开关接触不良。若电压正常，则关闭电源，用万用表 R×1 挡在路测量扬声器两端，表笔接触的同时能听到"喀喀"声。若听不到此声，故障原因是扬声器不良；若正常，再用万用表测量 VT_6 发射极与扬声器的接地端，与上述一样应能听到"喀喀"声。若此声正常，按照检修步骤 2）进行检查。

2）若喇叭有"沙沙"声，且旋转音量电位器"沙沙"声不发生变化，则测量 VT_4、VT_6、VT_7 静态工作点。若工作点正常，故障是 C_8 或 W 不良；若静态工作点不正常，应参阅相应的电路分析进行检修。若旋转音量电位器"沙沙"声音发生变化，则关闭电源开关，用万用表 R×100 挡在路测量晶体管 VT_3 检波电路。

3）若晶体管检波电路正常，应测量 VT_1、VT_2、VT_3 静态工作点，若不正常，应按原理图逐级、相应的电路分析进行检修。

4）若 VT_1、VT_2、VT_3 工作点正常，应测量 U_{e1}（VT_1 发生极对地电压）电压，然后用一根导线短接本振线圈 T_2 的两端，若 U_{e1} 值没有发生变化，故障是 C_3 不良或 VT_1 衰老。

5）若 U_{e1} 值发生微小变化，则故障是 T_3 中的 C，T_4 中的 C，T_2、T_3、T_4 当中某个元器件不良。可用干扰法确定它们当中哪个元器件不良。

2. 放音声小

（1）故障分析

收音机放音声小故障可分为两种情况：一种是收音机收到的台数几乎没有什么减少，但收音机的音量却显著减少，从这一现象分析，故障出在低放部分；另一种是收音机收到的台数显著减少，只能收听当地几个强台信号，这种现象说明收音机增益不够，即收音机灵敏度低，发生该故障时检波级以前的电路工作不正常。

（2）检修步骤

1）打开收音机检查接收的电台数，若电台数明显减少，故障是收音机灵敏度低，参见后述的故障 3 进行检修。

2）若收到的电台数基本正常，则接收一个地方强台，音量电位器置最大位置，用万用表置交流 10V 挡测量扬声器两端的瞬时电压。若瞬时电压值大于 0.8V，故障是扬声器不良。

3）若电压瞬时值远小于 0.8V，应检查 VT_4、VT_6、VT_7 静态工作点。若工作点不正常参见相应电路的分析进行故障检修。

4）若静态工作点正常，故障是 C_8 元件不良，可用一个良好的电解电容并联试一试即可确定故障元件。

3. 只能收到本地强电台信号

（1）故障分析

收音机只能收到本地强电台信号，称为收音机灵敏度低。通常灵敏度低是由检波以前的电路增益低引起的。因此，变频、中放检波电路都是检修的重点。

（2）检修方法

1）首先观察天线线圈是否断股或开路，若发现断股或开路将其焊好。若线圈良好，可用毛刷清除印制电路板上的污垢或烘干印制电路板的潮气。若故障排除，则故障是由电路板受潮或部分电路污垢过多导致信号损耗大引起的。

2）若故障仍存在，可调整调谐拨盘使收音机收一个电台信号，分别微调 T_4、T_3。若扬声器音量过大，收音机灵敏度提高，则故障是由中频失调引起的；若调整过程中扬声器音量反而减小，应将中频变压器调整磁帽恢复原样。在调整过程中若发现某个中频变压器反应不敏感，则故障可能是该中频变压器不良，应着重检查该中频变压器和与之并联的谐振电容。

3）若调整中频变压器故障依然存在，可关闭电源卡关，用万用表 $R \times 100$ 挡在路测量 VT_4。

4）若 VT_4 正常，可测量 VT_1、VT_2、VT_3 静态工作点，若不正常，参照相应的电路分析进行检修。

5）若静态工作点正常，可取一个 $0.001\mu F$ 的瓷介电容与 C_8 并联试一试，若收音机音量明显增加，则更换与其相并联的电容。

6）若上述电容都正常，应分别卸下 VT_1、VT_2、VT_3，测量其放大倍数，其 β 值必须大于 30，否则将其换掉。

7）若上述晶体管正常，可用干扰法逐一地用镊子触及 VT_4、VT_3、VT_2 基极，扬声器的"喀喀"声应逐级增强。若违反这一规律，替换该级与中频变压器相并联的电容或中频变压器。中频变压器的故障通常为受潮、开路或局部短路。

4. 失真

（1）故障分析

收音机的失真通常有三种类型：第一种为声音失真，它是音频电流通过扬声器还原为声音时产生失真，通常该失真表现为声音沙哑难听，其故障为扬声器不良，或装饰面板安装不良，扬声器振动时它也发生共振；第二种为交越失真（也称为非线性失真），它是一种电失真，表现为声音不真实，吐词不清晰，特别是音量减小时更为严重，其故障通常是功放电路不良；第三种为频率失真，它也属于电失真的一种，其表现为音尖、刺耳，对于这类故障着重检查高音旁路电容和耦合电容有没有失效。

（2）检修方法

1）首先收听一个电台信号认真辨识失真类型。若为声音失真，按照检修步骤 2）进行检查；若为交越失真按照检修步骤 3）进行检查；若为频率失真按照步骤 4）进行检修。

2）若确认为声音失真，检查有无小垫圈等金属物粘在扬声器上，装饰面板与机壳安装是否紧凑。若上述都正常，故障是扬声器不良。

3）若确认为交越失真，参阅直接耦合放大电路、功率放大电路的内容进行检修。

4）若确认为频率失真，取一个 $50\mu F$ 的电解电容分别与 C_8 相并联。若故障消失，则更换与之并联的电容。

5. 啸叫

（1）故障分析

收音机产生啸叫的原因很多，主要是由于机内各级放大器之间存在着有害的耦合，产生了寄生振荡。因此检修时要着重分清这些有害耦合部位。不同的耦合部位产生的啸叫现象不一样，通常可将其分为下列三种情况。

第一种是低频啸叫，其特点是与调节电台无关，不随调谐变化，故障原因一般是电池电压太低，电源滤波电容 C_7 失效，退耦电阻 R_6 短路，对于新组装的收音机有可能是音量电位器接错而产生正反馈，或输入变压器线头接反，原来的负反馈成了正反馈。

第二种是中频啸叫，它可分为 AGC 电路中电容 C_4 开路引起的啸叫和中频自激啸叫两类。C_4 开路引起的啸叫，其特点是扬声器中出现"吱吱"声，调到电台位置附近便发出尖叫，失真加大，声音难听。中频自激啸叫的特点是调谐时整个度盘上都有啸叫声，尤其是在收听电台的两旁更为显著，当调谐到强电台时叫声消失，一般是由中和电容容量不够、晶体管 β 值太大、静态工作点不正常引起的。

第三种是高频啸叫，这种啸叫的特点和中频部分啸叫相同。但通常发生在波段的高端，其故障主要是本机振荡太强。

（2）检修方法

1）接通电源，判别啸叫类型。若啸叫与调谐变化无关或与音量电位器控制无关，则啸叫由低放部分引起，按照检修步骤 2）进行检修。若整个度盘上都有啸叫，尤其是在收听电台的两旁更为显著，则啸叫是由中放部分引起的。判断中放是否自激可采用下列方法：短路双联电容 C_{1a} 使外来高频信号不进入收音机，然后在音量控制电位器两端测量直流电压，若有电压说明中放存在自激，按照检修步骤 3）进行检修，若无电压检查 AGC 滤波电容 C_4。若啸叫与中放部分啸叫相同，但主要发生在波段高端，按照检修步骤 4）进行检修。

2）若确认是低频啸叫，首先检查电位器是否接错。若没接错再检查电源电压，若电压低于 1V，更换电池试一试。若电压正常，分别用 $100\mu F$ 的电解电容并接在 C_7 两端检查它们是否良好，并检查 R_6 电阻是否短路。若上述元件不良，要更换它们；若啸叫消失，则对换 T_4 一次侧引线。

3）若确认 AGC 滤波不良，则更换 C_4 电解电容。若确认中频自激，首先测量 VT$_2$、VT$_3$ 静态工作点。若静态工作点不正常，参照放大电路进行检修。对于组装机，产生中频自激可能是中频变压器参数不良或元器件布局不合理，因此也可考虑更换中频变压器或重新考虑元器件布局。

4）若确认啸叫是由高频部分产生的，应测量 VT_1 静态工作点。若不正常，应调整上偏置电阻；若正常，取一个 6800pF 或 5100pF 的电容替换 C_3。若故障仍存在，可用 β 值为 60 左右的高频管更换 VT_1，对于组装机还应考虑更换本振变压器。

8.1.7　电子技术课程设计学生基础训练作品

收音机元器件布置及印制电路板焊接图如图 8.12 所示。

图 8.12　收音机元器件布置及印制电路板焊接图

8.2　拓展训练设计题目——调频收音/对讲机的设计

8.2.1　调频收音/对讲机设计内容

利用系统资源来设计、调试一个"调频收音/对讲机"。采用的芯片为 UTC1800（或 D1800），它作为收音接收专用集成电路，功放部分选用 D2822。对讲的发射部分采用两级放大电路，第一级为振荡兼放大电路；第二级为发射部分，使发射效率和对讲距离大大提高。

8.2.2　调频收音/对讲机设计要求

原理图设计要符合项目的工作原理，根据电路图合理选择电阻、电容等相关元件，只要按要求焊接正确、无虚焊、装配无误，装好后稍加调试即可收到电台，无需统调。了解系统设计的一般步骤和调试方法。收音机的参数：调频波段 88 ～ 108MHz；工作电源电压范围

2.5 ~ 5V；静态电流 13.5mA；信噪比大于 80dB；谐波失真小于 0.8%；输出功率不小于 350mA。发射机工作电流：18mA，对讲距离 50 ~ 100m。

8.2.3　调频收音/对讲机电路工作原理

调频收音/对讲机设计电路原理如图 8.13 所示。

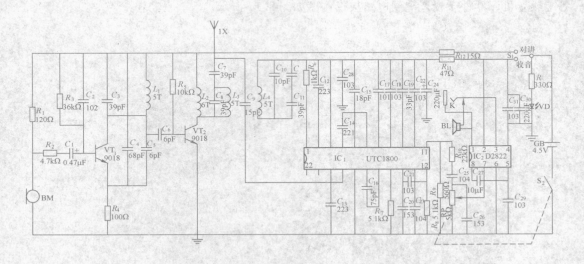

图 8.13　调频收音/对讲机设计电路原理图

（1）收音机（或接收）部分原理

调频信号由 TX 接收，经 C_9 耦合到 IC_1 的 19 脚内的混频电路，IC_1 第 1 脚内部为本机振荡电路，1 脚为本振信号输入端，L_4、C、C_{10}、C_{11} 等元件构成本振的调谐回路。在 IC_1 内部混频后的信号经低通滤波器后得到 10.7MHz 的中频信号，中频信号由 IC_1 的 7、8、9 脚内电路进行中频放大、检波，7、8、9 脚外接的电容为高频滤波电容，此时，中频信号频率仍然是变化的，经过鉴频后变成变化的电压。10 脚外接电容为鉴频电路的滤波电容。这个变化的电压就是音频信号，经过静噪的音频信号从 14 脚输出耦合至 12 脚内的功放电路，第一次功率放大后的音频信号从 11 脚输出，经过 R_{10}、C_{25}、RP，耦合至 IC_2 进行第二次功率放大，推动扬声器发出声音。

（2）对讲发射原理

变化着的声波被驻极体转换为变化着的电信号，经过 R_1、R_2、C_1 阻抗均衡后，由 VT_1 进行调制放大。C_2、C_3、C_4、C_5、L_1 以及 VT_1 集电极与发射极之间的结电容 C_{ce} 构成一个 LC 振荡电路，在调制电路中，很小的电容变化也会引起很大的频率变化。当电信号变化时，相应的 C_{ce} 也会有变化，这样频率就会有变化，就达到了调频的目的。经过 VT_1 调制放大的信号经 C_6 耦合至发射管 VT_2，通过 TX、C_7 向外发射调频信号。VT_1、VT_2 用 9018 超高频晶体管作为振荡和发射专用管。

（3）焊接与安装

一般先装低矮、耐热的元器件，最后装集成电路。应按如下步骤进行焊接：

1）清查元器件的质量，并及时更换不合格的元器件；

2）确定元器件的安装方式，由孔距决定，并对照电路图核对电路板；

3）将元器件弯曲成形，本电路所有的电阻（除 R_{12} 外）均采用立式插装，尽量将字符置于易观察的位置，字符应从左到右，从上到下。以便于以后检查，将元器件脚上锡，以便于焊接；

4）插装：应对照电路图对号插装，有极性的元器件要注意极性，如集成电路的脚位等；

5）焊接：各焊点加热时间及用锡量要适当，防止虚焊、错焊、短路。其中耳机插座、晶体管等焊接时要快，以免烫坏；

6）焊后剪去多余引脚，检查所有焊点，并对照电路图仔细检查，确认无误后方可通电。

4. 安装提示

1）发光二极管应焊在印制板反面，对比好高度和孔位再焊接；

2）由于本电路工作频率较高，安装时请尽量紧贴电路板，以免高频衰减造成对讲距离缩短；

3）焊接前应先将双联用螺丝上好，并剪去双联拨盘圆周内高出的引脚再焊接；

4）J_1 可以用剪下的多余元器件引脚代替，J_2 的引线用黄色导线连接，TX 的引线用略粗黄色导线连接；

5）插装集成电路时一定要注意方向，保证集成电路的缺口与电路板上 IC 符号的缺口一一对应；

6）耳机插座上的脚要插好，否则后盖可能会盖不紧；

7）按钮开关 S_1 外壳上端的引脚要焊接起来，以保证外壳与电源负极连通；

8）电路板上的 VD 是多余的，可不焊接。

5. 测试与调整

元器件以及连接导线全部焊接完后，经过认真仔细检查后即可通电调试（注意最好不要用充电电池，因为电压太低会使发射距离缩短）：

1）收音（或接收）部分的调整。首先用万用表 100mA 电流挡（其他挡也行，只要不小于 50mA 挡即可）的正负表笔分别跨接在地和 K 的 GB − 之间，读数应在 10 ~ 15mA 之间，这时打开电源开关 K，并将音量开至最大，再细调双联，应收得到广播电台，若还收不到应检查有没有元器件装错，印制电路板有没有短路或开路，有没有由于焊接质量不高而导致短路或开路等，还可以试换一下 IC_1，本机只要装配无误可实现一装即响。排除故障后找一台标准的调频收音机，分别在低端和高端收一个电台，并调整被调收音机 L_4 的松紧度，使被调收音机也能收到这两个电台，那么这台被调收音机的频率覆盖就调好了。如果在低端收不到这个电台，说明应增加 L_4 的匝数，在高端收不到这个电台，说明应减少 L_4 的匝数，直至这两个电台都能收到为止。调整时注意请用无感或牙签、牙刷柄（处理后）拨动 L_4 的松紧度。当 L_4 拨松时，频率增高，反之则降低，注意调整前请将频率指示标牌贴好，使整个圆弧数值都能在前盖的小孔内看得见（旋转调台拨盘）。

2）发射（或对讲）部分的调整：首先将一台标准的调频收音机的频率指示调在 100MHz 左右，然后将被调的发射部分的开关 S_1 按下，并调节 L_1 的松紧度，使标准收音机有啸叫，若没有啸叫则可将距离拉开 $0.2 \sim 0.5$m 左右，直到有啸叫声为止，然后再拉开距离对着驻极体讲话，若有失真，则可调整标准收音机的调台旋钮，直到消除失真，还可以调整 L_2 和 L_3 的松紧度，使距离拉得更开，信号更稳定。若要实现对讲，请再装一台本套件并按同样的方法进行调整，对讲频率可以自己定，如 88MHz、98MHz、108MHz……这样可以实现互相保密也不至相互干扰。这样，一台自己亲自动手制作的对讲机就实现了，通过本次的实践，使自己的动手能力和理论水平大大提高，将是一个比较有乐趣的事情。

调频收音机的频率范围一定要保证在 $88 \sim 108$MHz，特别要保证低端，因为无线发射部分的频率在 89MHz 附近。调频率范围主要调整 L_4 线圈的间隙大小：拉开，电感量减小，频率提高，相应收到的高频段的台多；缩紧，电感量大，频率减小，相应收到的低频段的台多。

如果调不出低端，可以把 C_{11}（39P）瓷片电容短接。这样低端可以保证在 88MHz。高端有点损失，把 L_4 稍微拉开一点点，则高端也能保证在 108MHz，高低端可以兼顾。

8.3   创新训练设计题目——电力线载波通信对讲机设计

8.3.1   电力线载波通信对讲机设计内容

设计一种简易通信对讲机，电路元器件采用集成运放和集成功放及电阻电容等；采用同一电力变压器下的电力线传输信号方式，只要将两机插入 220V 交流电源的插座，即可实现甲、乙双方呼叫对讲功能。

8.3.2   电力线载波通信对讲机设计要求

用扬声器兼作话筒喇叭，双向对讲，互不影响。电源电压选用 +6V，输出功率不小于 0.5W，工作可靠，效果良好。设计电路所需要的直流稳压电源（即 +6V 电源）。

8.3.3   电力线载波通信对讲机工作原理

图 8.14 所示为电力线载波通信对讲机的电路原理图。220V 市电经 T_2 变压、四只 1N4001 二极管整流、滤波、稳压后为本机提供 6V 直流电源。电路的核心器件 IC_2 为一锁相环音频译码电路 567。其③脚为信号输入端。⑤、⑥脚的 W_1、C 决定其固有频率 $f_0 = 100$kHz。当其③脚输入的信号电压大于门限电压且频率落入固有频率 f_0 的捕捉带宽内时，⑧脚即可跳变为逻辑低电平。如果③脚输入的是被音频调制的信号，则①脚输出解调的音频信号。反过来，如果②脚输入一个音频信号，那么⑤脚就输出一个以固有频率 f_0 为中心的

调制信号。T_1 为二一四线平衡转换器，当 F_1、F_2 端发送信号时，可在 G_1、G_2 或 H_1、H_2 端接收到，但在 G_1、G_2 或 H_1、H_2 端发送信号时，能在 F_1、F_2 端接收到，而相对的四线另两端却接收不到。当本机要呼叫对讲时，按下 AN 数秒（可连续几次），J_1 得电，触头 J_{1a} 吸合接通 IC_1 电源，IC_1 及其外围元器件构成的多谐振荡器工作，③脚输出音频信号，经 J_{1b} 加至 IC_2 的②脚，同时常闭触头 J_{1d} 断开，SP 不发出振铃声。IC_2 的⑤脚输出经调制的 100kHz 振铃载波，经 VT_2 加至 T_1 的 G_1、G_2 端，耦合至 F_1、F_2 端发送出去。松开 AN，发送振铃信号消失，电路重新处于等待状态。

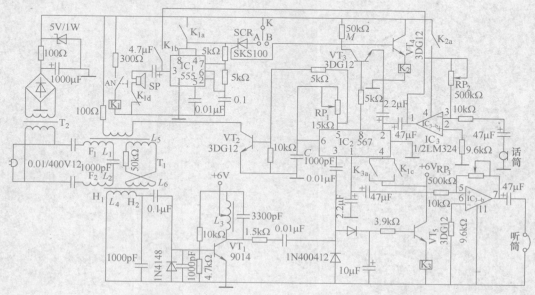

图 8.14　电力线载波通信对讲机电路原理图

当电力线上有外来呼叫时，100kHz 调制载波由 F_1、F_2 端耦合至 H_1、H_2 端，经 VT_1 对载波进行选频放大，放大后的信号分为两路，一路送至 IC_2 的③脚进行译码，另一路经整流后为 VT_5 提供偏置电流，VT_5 导通，J_3 触头 J_{3a} 吸合，IC_2 得电工作。当③脚的信号译码有效时，⑧脚跳变为低电平，VT_3 截止，M 点呈高电平，触发晶闸管 SCR，IC_1 得电，由其③脚输出的振铃音频推动 SP 发声。同时 VT_4 导通，J_2 触头 J_{2a} 吸合，接通运放电路电源。此时接听者只要将开关 S 由 A 端拨至 B 端（平时应置于 A 端），IC_1 失电，铃声消失。外线的载波信号即可经 IC_2 译码，①脚输出话音信号，经 IC_{3-b} 放大后推动听筒发声。本机的话筒音频信号由 IC_{3-a} 放大后经 IC_2 编码发送出去。

8.3.4　制作与调试

T_1 用双孔磁心，L_1、L_2 分别用 ϕ0.15mm 的漆包线绕 15 匝，L_3、L_4 用 ϕ0.1mm 的漆包线绕 25 匝，L_5、L_6 用 ϕ0.1mm 的漆包线绕 15 匝。L_3 用 10K 型中周骨架，用 ϕ0.15mm 的高强度漆包线绕 75 匝，在 60 匝处抽头，然后旋入磁心。T_2 选用 10V/5W 的小型变压器，其余元器件按图示选择。本机调试比较简单，只要将两机同时插入插座中，按下任意一机的 AN 键，仔细调节 W_1，使另一机产生振铃声即可，调节 W_2 可获得最佳拾音灵敏度，调节 W_3 可使听筒中声音不失真且最大。

通过超外差式收音机电路的基础、拓展、创新三个层次的实训设计过程，要求学生学会：

1）选择变压器、中周、二极管、滤波电容等器件来设计超外差式收音机。

2）掌握超外差式收音机的调试及主要技术指标的测试方法。

3）完成整个电路理论设计、绘制电路图。

第9章 电子工艺实习

9.1 基础训练设计题目——HX-2056型声光控制节能开关设计

9.1.1 声光控制节能开关的设计方法及步骤

（1）设计教学目的

作为电力电子技术的入门，使学生熟悉晶闸管的应用。设计模拟和数字电子混合电路实现特定的功能，学习这一技能，积累这方面的经验，以此来检验学生是否能够把学到的理论知识综合地运用到一些复杂的数字系统中去，使学生在实践基本技能方面得到一次系统的锻炼。

（2）设计内容及要求

在夜间有声音信号时，使灯点亮。无声时延迟5s后熄灭，声音间隔小于5s，则灯持续点亮。在白天照明度较高，即楼道内光线充足时，声、光控制开关不能启动，灯熄灭；夜晚楼道内光线较差时，若楼道内充分安静（无人行动时），声、光控制开关不启动；若在光线较差的楼道内有人发出声响，就启动该装置使灯点亮。

（3）设计流程图

电子工艺实习流程图如图9.1所示。

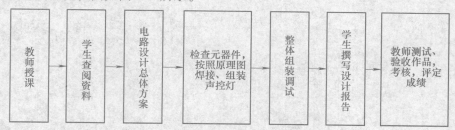

图9.1 电子工艺实习流程图

（4）元器件及工具

电子元器件及工具的选择如表9.1所示。

表9.1 元器件及工具

序号	名 称	位号	型号规格	序号	名 称	位号	型号规格
1	电阻	R_1	150kΩ	6	电阻	R_6	12kΩ
2	电阻	R_2	24kΩ	7	电阻	R_9	24kΩ
3	电阻	R_5	2.2MΩ	8	电阻	R_4	680kΩ
4	电阻	R_7	18kΩ	9	电阻	R_3	150kΩ
5	电阻	R_8	18kΩ	10	电容	C_1	100μF

（续）

序号	名　称	位号	型号规格	序号	名　称	位号	型号规格
11	电容	C_2	104	17	光敏二极管	VD_6	$\Phi 3$
12	电容	C_3	$22\mu F$	18	二极管	VD_5	1N4007
13	晶体管	VT_1	2n3904 或（9014）	19	二极管	$VD_1 \sim VD_4$	1N4007
14	晶体管	VT_2	2n3904 或（9014）	20	晶闸管	Q_1	BT160D
15	晶体管	VT_3	2n3904 或（9014）	21	麦克风	MK_1	$\Phi 10$
16	晶体管	VT_4	2n3904 或（9014）	22	外壳、螺钉、悍片、线路板		
				23	说明书一份		
				24			

工具：电烙铁、焊锡膏、焊锡、螺钉旋具、镊子、台式电钻、钻头、刻刀、剪子、尖嘴钳、斜口钳。

9.1.2　声光控制节能开关电路原理

声光控制节能开关电路原理如图 9.2 所示。

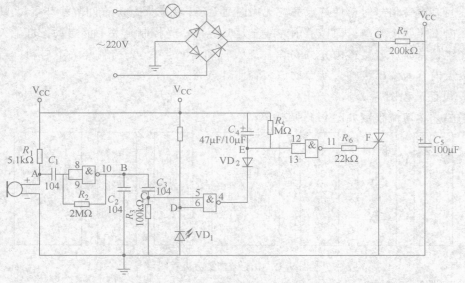

图 9.2　声光控制节能开关电路原理图

9.1.3　基本工作原理

（1）电源部分

声控灯电源电路原理图如图 9.3 所示。将输入电路的 220V 电压，经过灯泡降压后，通过桥式整流电路，进行全波整流，整流后的脉动直流，一路接到晶闸管的阳极；另一路经 R_7、C_5 滤波后，作为传感器及逻辑控制电路的电压 V_{CC}。

（2）控制部分

PCR606J 的控制极（栅极）为高电平时，灯点亮；PCR606J 的控制极为低电平时，灯熄灭。

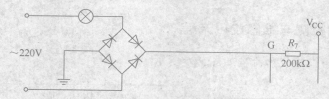

图 9.3　声控灯电源电路原理图

（3）光控原理

光控电路原理图如图 9.4 所示。光敏二极管 VD_1 的无光照电阻值较大，有光照电阻值较小。

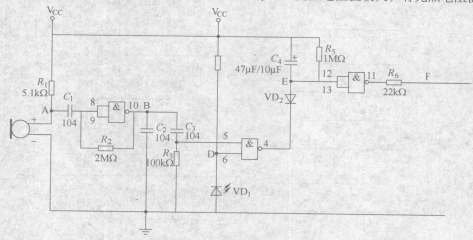

图 9.4　光控电路原理图

（4）声控原理

当无声音时，A 点为高电平，C 点为低电平，4 脚输出高电平，VD_2 截止，E（12、13 引脚）点为高电平，11 脚输出低电平，晶闸管截止，灯泡不亮。

当有声音时，A 点跳为低电平，经 C_1 耦合到与非门输入端，B 点为高电平，4 脚输出低电平，VD_2 导通，E 点为低电平，11 脚输出高电平，从而将晶闸管触发导通，灯泡点亮。

当声音消失之后，请分析电容 C_4 的作用，如果去掉电容 C_4，有何现象？

（5）芯片介绍

图 9.5 所示为芯片引脚介绍图。

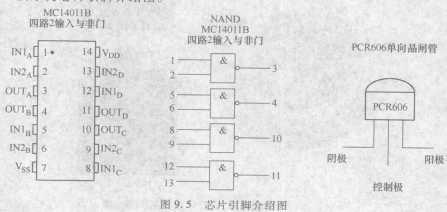

图 9.5　芯片引脚介绍图

9.1.4 简易故障检测与维修技巧流程

简易故障检测与维修技巧流程如图 9.6 所示。

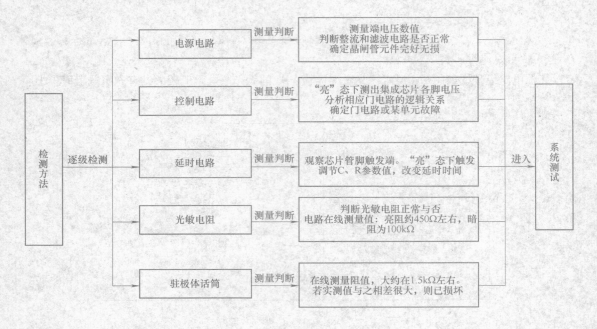

图 9.6 故障检测与维修技巧流程图

9.1.5 学生基础训练作品

声控灯元器件布置及印制电路板焊接如图 9.7 所示。

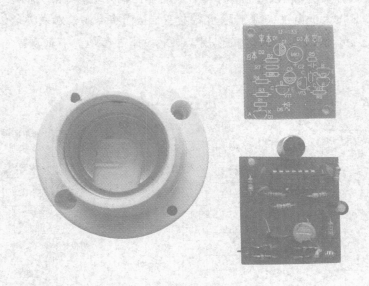

图 9.7 声控灯元器件布置及印制电路板焊接图

9.2 拓展训练设计题目——楼道声光双控制延时照明灯设计

9.2.1 楼道声光双控制延时照明灯设计内容

设计一个简易声光延时照明灯电路,应用于教学楼、寝室或居民住宅楼内的声光控制灯。

9.2.2 楼道声光双控制延时照明灯设计要求

1)电路能够通过照明灯开关对光线强弱的感应,控制照明灯第一级开关。

2)电路能够通过照明灯开关对声强的感应,在第一级开关开通的前提下,控制照明灯点亮。

3)电路能够实现照明灯点亮 t 时间后自动关断,并且时间 t 可以调节。

4)电路如果在照明灯点亮期间又有新的声源出现,照明灯应重新通电时间 t。

9.2.3 楼道声光双控制延时照明灯电路原理

楼道声光双控制延时照明灯电路原理图如图 9.8 所示。

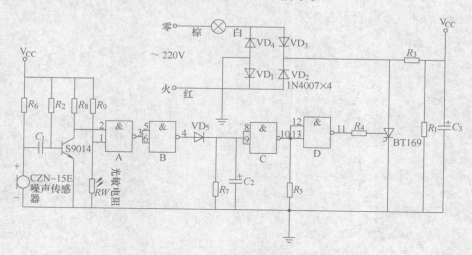

图 9.8 楼道声光双控制延时照明灯电路原理图

9.2.4 楼道声光双控制延时照明灯设计工作原理

如图 9.8 所示,由四个二极管组成的桥式整流电路将输入电路的 220V 电压先进行整流,整流后的脉动直流一路由 R_3 和 R_1、C_3 分压并滤波后得到传感器及逻辑控制电路所用的电压 V_{cc};另一路接到晶闸管 BT169 的阳极。

当 BT169 的控制极(栅极)为高电平且输入的交流信号 $U_i = \cos(\omega t + \varphi)$ 处于正半周期时,电流由 VD$_2$→地→VD$_4$→灯流过,从而将灯点亮。当 U_i 处于负半周期时,电流由灯→

$VD_3 \rightarrow$ 地 $\rightarrow VD_1$ 而将灯点亮，当 BT169 的控制极为低电平时，晶闸管截止，此时不会产生驱动灯的电流，因此灯是熄灭的。由此可见，灯的亮灭是由晶闸管的控制极电平决定的。因此，关键的问题是如何控制其栅极电平的高低。

我们的目的是要达到：有光时灯灭；无光无声时灯灭；无光有声时灯亮。

对光敏电阻 RW 而言，当有光时，$RW < 2k\Omega$，此时 HD14011 的 1 脚也即第一个与非门的一个输入端为低电平（地）。所以 3 脚为高电平、4 脚为低电平，10 脚为高电平，11 脚为低电平（后文设上述由左至右四个与非门的输出分别为 A、B、C、D）。则此时晶闸管截止，灯泡是暗的。相反，无光时，$RW > 2k\Omega$，此时 HD14011 的 1 脚是高电平，第一个与非门的输出取决于 2 脚的状态，而 2 脚的状态将由噪声传感器来决定，当没有声音时，2 脚为低电平，因此 A 为高电平，B 为低电平，C 为高电平，D 为低电平，此时晶闸管截止，灯泡为暗。当有声音产生时，在扬声器两端产生一个交流信号，经过电容将 2 脚置成高电平，此时 A 脚为低电平，B 为高电平，C 为低电平，D 为高电平，从而将晶闸管触发导通，灯泡点亮，同时由于 B 点为高电平，可对电容 C_2 充电，这样，当声音消失之后，由于 C_2 和 R_2 的存在，使 C 点维持在低电平直到 C_2 放电结束，在此过程中，灯泡会一直保持在亮的状态直至此过程结束。

9.2.5 电路板上元器件布局及其明细

电路板上的元件布局如图 9.9 所示。

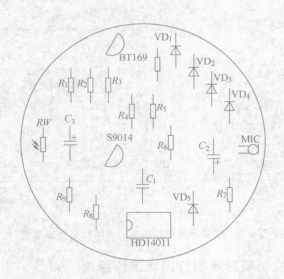

图 9.9 元器件布局示意图

电阻：R_1：20kΩ，R_2：4.7MΩ，R_3：150kΩ，R_4：20kΩ，R_5：470kΩ，R_6：20kΩ，R_7：2.2MΩ，R_8：43kΩ，R_9：150kΩ。电容：C_1 为 0.1μF，C_2 为 22μF，C_3 为 22μF。二极管：VD_1、VD_2、VD_3、VD_4：1N4007×4。噪声传感器：CIN-15E。双极型晶体管：S9014。晶闸管：BT169。双输入端：四与非门（MOS）：HD14011。

9.2.6　安装及调试要点

1）由于此开关电路的输入电压是 220V 交流电，因此在做调试的时候应注意不要用手接触电路，以免发生触电危险。

2）电路中有电解电容存在，因此在焊接前应注意其正负极性。

3）由于此灯控开关是对声和光敏感的，因此在焊接时应尽可能地将光敏电阻和噪声传感器的引脚留长，使之能够贴近或探出声控灯头外壳，从而准确感应外界环境的声音及光照变化。

4）晶闸管及 IC

本课题需用一只晶闸管及一片集成电路 HD14011。

晶闸管特性的最简单描述为：当控制极给一高电平时 BT169 导通，当为低电平时，BT169 截止。

HD14011 的测试应采用数字集成电路测试仪完成。

图 9.10 所示为高频小功率晶体管 S9014、晶闸管 BT169、集成电路 HD14011 的引脚分配图。

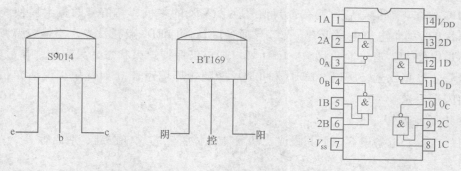

图 9.10　高频小功率晶体管 S9014、晶闸管 BT169、集成电路 HD14011 的引脚分配图

9.3　创新训练设计题目——声控闪光 LED 灯与声控延时 LED 灯研发设计

9.3.1　声控闪光 LED 灯

（1）设计内容

声控闪光 LED 灯可以由晶体管放大器和发光二极管组成。可以实现：被声音激活时，灯具全亮，当无声或声音达不到灯具激活要求时，可以保持低功率工作，起到节约用电的作用。

（2）设计要求

外界信号起伏变化时，可改变两个闪光灯 LED_1 和 LED_2 的状态，随着环境声光（如音乐、说话）的强弱而闪耀发光。

（3）声控闪光 LED 灯控制电路原路图

声控闪光 LED 灯控制电路原理如图 9.11 所示。

（4）声控闪光 LED 灯控制电路工作原理

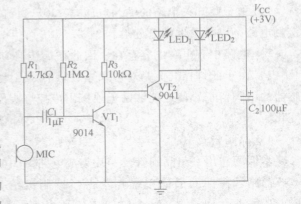

图 9.11　声控闪光 LED 灯控制电路原理图

如图 9.11 所示，电路主要由捡音器（驻极体电容器话筒），晶体管放大器和发光二极管等构成。静态时，VT$_1$ 处于临界饱和状态，使 VT$_2$ 截止，LED$_1$ 和 LED$_2$ 皆不发光，R_1 给电容话筒 MIC 提供偏置电流，话筒捡取室内环境中的声波信号后即转为相应的电信号，经电容 C_1 送到 VT$_1$ 的基极进行放大，VT$_1$、VT$_2$ 组成两级直接耦合放大电路，只要选取合适的 R_2、R_3 使得在无声波信号时，VT$_1$ 处于临界饱和状态，而使 VT 处于截止状态，两只 LED 中无电流流过不发光。

当 MIC 捡取声波信号后，就有音频信号注入 VT$_1$ 的基极，其信号的负半周使 VT$_1$ 退出饱和状态，VT$_1$ 的集电极电压上升。VT$_2$ 导通，LED$_1$ 和 LED$_2$ 点亮发光，当输入音频信号较弱时，不足以使 VT$_1$ 退出饱和状态，LED$_1$ 和 LED$_2$ 仍保持熄灭状态，只有较强信号输入时，发光二极管才点亮发光，所以，LED$_1$ 和 LED$_2$ 能随着环境声音（如音乐、说话）信号的强弱起伏而闪烁发光。

（5）电子元器件

电阻、电容、电解电容、两只发光二级管、晶体管、芯片、按键、话筒等。

（6）组装与调试

1）按原理图画出装配图，然后按装配图进行装配。

2）注意晶体管的极性不能接错，元件排列整齐、美观。

3）通电后先测 VT 的集电极电压，使其在 0.2~0.4V 之间，如果该电压太低则施加声音信号后，VT$_1$ 不能退出饱和状态，则 VT$_2$ 不能导通，如果该电压超过 VT$_2$ 的死区电压，则静态时 VT$_2$ 就导通，使 LED$_1$ 和 LED$_2$ 点亮发光。所以，对于灵敏度不同的电容话筒，以及 β 值不同的晶体管，VT$_1$ 的集电极电阻 R_3 的大小要通过调试来确定。

4）离话筒约 0.5m 距离，用普通声音（音量适中）讲话时，LED$_1$、LED$_2$ 应随声音闪烁。如需大声说话时，发光管闪烁发光，可适当减小 R_3 的阻值，也可更换 β 值更大的晶体管。

9.3.2　声控延时 LED 灯设计

（1）设计内容

集声控光控开灯、延时自动关灯技术为一体，LED 声控灯可以由话筒、音频放大器、选频电路、倍压整流电路、恒压源电路、延时开启电路、可控延时开关电路、晶闸管电路组成。可以实现：被声音激活时，灯具全亮，当无声或声音达不到灯具激活要求时，可以保持低功率工作。

（2）设计要求

调节电阻和电容的大小来改变灯亮的时间长短，当白天光线较强时，受光控自锁，有声响也不开灯；当傍晚环境光线变暗后，开关自动进入待机状态，遇有说话声时，会立即开灯，延时 0.5min 后自动关灯。

（3）声控延时 LED 灯控制电路原理图

声控延时 LED 灯控制电路原理图如图 9.12 所示。

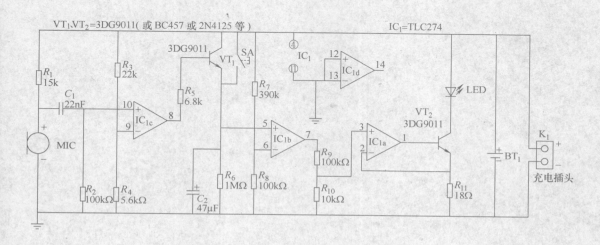

图 9.12　声控延时 LED 灯控制电路原理图

（4）声控延时 LED 灯控制电路工作原理

如图 9.12 所示，声控延时 LED 灯控制电路主要由单电源低功耗运算放大器集成电路 IC_1、二只低功率晶体管、扬声器和高亮度发光二极管组成。当扬声器 MIC 接收到一定强度外界声响（包括各种噪声）时，产生相应强度的输出电压，加到比较器 IC_{1c} 上，当此电压超过比较器门限值时，输出为高电位，使 VT_1 导通，输出的电压加到比较器 IC_{1b} 上，同样地，若此电压高于 IC_{1b} 的门限值，则 IC_{1b} 输出高电位去激励 IC_{1a} 和 VT_2 组成的功率放大器，从而驱动 LED 发光。预设的延时长短由 C_2 和 R_6，以及 R_7、R_8 组成的充放电电路的时间常数决定。

（5）电子元器件

电子元器件包括：电阻、电容、高亮度发光二级管、晶体管、芯片、按键、扬声器、充电插座等。

（6）整机组装

1）按原理图画出装配图，然后按装配图进行装配。

2）注意晶体管的极性不能接错，元器件排列整齐、美观。

通过声光控制节能开关电路的基础、拓展、创新三个层次的实训设计过程，要求学生：

　　1）学会选择扬声器、高亮度发光二级管、芯片、按键等器件来设计声光控制节能开关。

　　2）掌握声光控制节能开关的调试及主要技术指标的测试方法。

　　3）完成整个电路理论设计、绘制电路图。

附　　录

附录 A　集成电路应用常识

A.1　半导体集成电路的分类

半导体集成电路分类框图如图 A.1 所示。

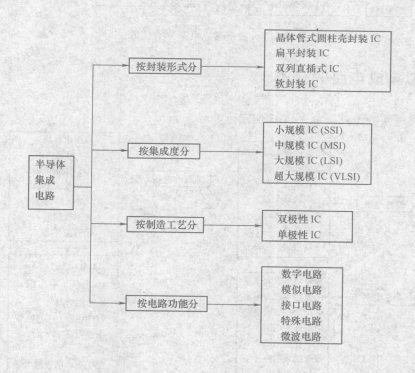

图 A.1　半导体集成电路分类框图

A.2　数字集成电路的分类

数字集成电路分类框图如图 A.2 所示。

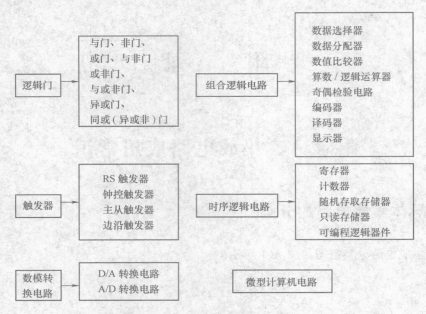

图 A.2　数字集成电路分类框图

A.3　模拟集成电路的分类

模拟集成电路分类框图如图 A.3 所示。

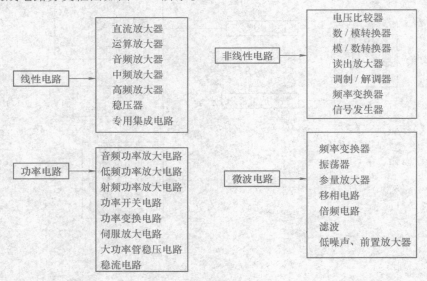

图 A.3　模拟集成电路分类框图

A.4　常用数字集成电路型号表

TTL（74 系列）常用数字电路、CMOS（C000 系列）常用数字集成电路、CMOS（4000

系列）常用数字集成电路分别如表 A.1，表 A.2，表 A.3 所示。

表 A.1　TTL（74 系列）常用数字集成电路

型号	电路名称
74LS00（T400）、7400、74HC00	4-2 输入端与门
74LS02（T4002）、7402、74HC02	4-2 输入端或非门
74LS04（T4004）、74LS05（T4005）、7404、7405	6 反相器
74LS08（T4008）、74LS09（T4009）、7408、7409	4-2 输入端与门
74LS10（T4010）、74LS12（T4012）、7410、7412	3-3 输入端与非门
74LS13（T4013）、74LS18（T4018）、7413、7418	2-4 输入端与非施密特触发器
74LS32（T032）、7432	4-2 输入端或门
74LS168（T4168）、74LS169（T4169）	二进制（十进制）4 位同步计数器,168 为十进制,169 为二进制
74LS47（T4047）、74LS48（T4048）	7 段译码、驱动器,47LS47 输出高电平,48LS48 输出低电平
74LS138（T4138）	3 线-8 线译码器
74LS154（T4154）	4 线-16 线译码器
74LS74（T074）、7474	双 D 触发器（带清除和置位端）
74LS73（T073）、7473	双 JK 触发器（带清除）
74LS160、74LS162	可预置 BCD 计数器
74LS161、74LS163	可预置 4 位二进制计数器
74LS190、74LS191、74LS192	同步可逆计数器（BCD,二进制）

表 A.2　CMOS（C000 系列）常用数字集成电路

型号	电路名称
C001、C031、C061	2-4 输入端与门
C002、C032、C062	2-4 输入端或门
C003、C033、C063	6 非门
C004、C034、C064	2-4 输入端与非门
C005、C035、C065	3-3 输入端与非门
C006、C036、C066	4-2 输入端与非门
C007、C037、C067	2-4 输入端或非门
C008、C038、C068	3-3 输入端或非门
C009、C039、C069	4-2 输入端或非门
C013、C043、C073	双 D 触发器

表 A.3　CMOS（4000 系列）常用数字集成电路

型号	电路名称
CC4011、CD4011、TC4011	4-2 输入端与非门
CC4001、CD4001、TC4001	4-2 输入端或非门
CC4013、CD4013、TC4013	双 D 触发器
CC4069、CD40691、TC4069	6 反相器
CC4081、CD4081、TC4081	4-2 输入端与门
CC40175、CD40175、TC40175	4D 触发器
CC4511、CD4511、TC4511	译码驱动器
CC4553、CD4553、TC4553	十进制计数器

附录 B　常用数字集成电路引脚图

B.1　常用 TTL(74 系列)数字集成电路型号及引脚排列

常用 TTL(74 系列)数字集成电路型号及引脚排列如图 B.1 所示。

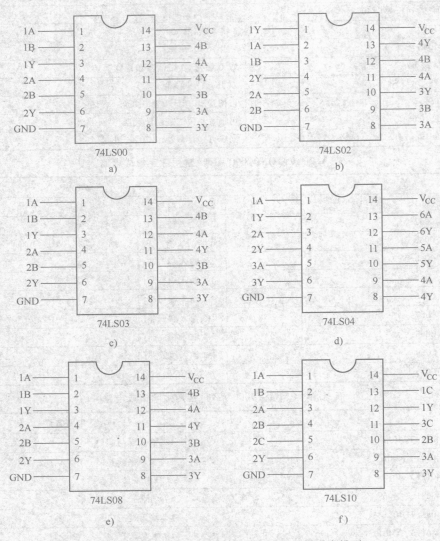

图 B.1　TTL(74 系列)数字集成电路型号及引脚排列

a)输入端与非门　b)输入端或非门　c)输入端与非门(漏极开路)　d)六反向器　e)输入端与门　f)输入端与非门

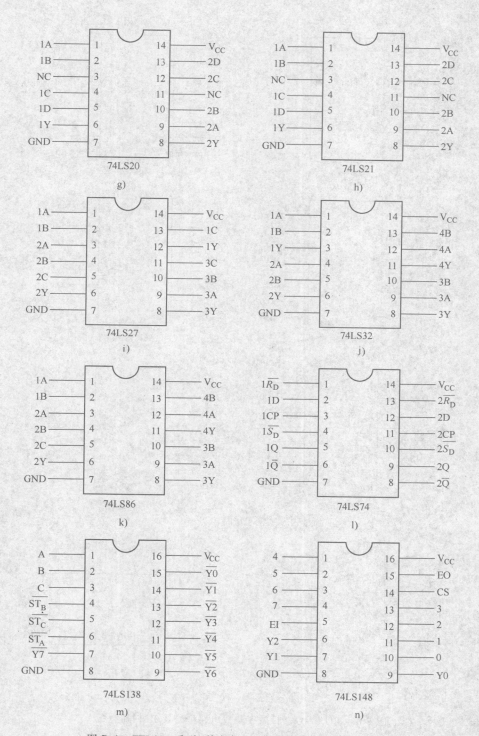

图 B.1　TTL(74 系列)数字集成电路型号及引脚排列(续)

g)输入端与非门　h)输入端与门　i)输入端或非门　j)输入端或门　k)异或门

l)双 D 触发器(带复位、置位)　m)3 线－8 线译码　n)8 线－3 线优先编码

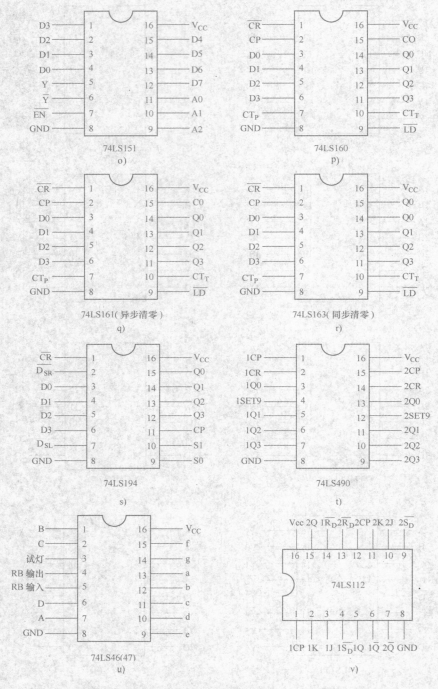

图 B.1 TTL(74 系列)数字集成电路型号及引脚排列(续)

o)8 选 1 数据选 p)可预置 BCD 计数器 q)可预置 4 位二进制计 r)可预置 4 位二进制计

s)4 – 2 4 位移位寄存器 t)4 – 2 双十进制计数器 u)BCD 七段译码器:低电平(高电平)

v)双下降沿 JK 触发器(有预置、清除端)

B.2　常用 CMOS(CC4000 系列)数字集成电路型号及引脚排列

常用 CMOS(4000 系列)数字集成电路型号及引脚排列如图 B.2 所示。

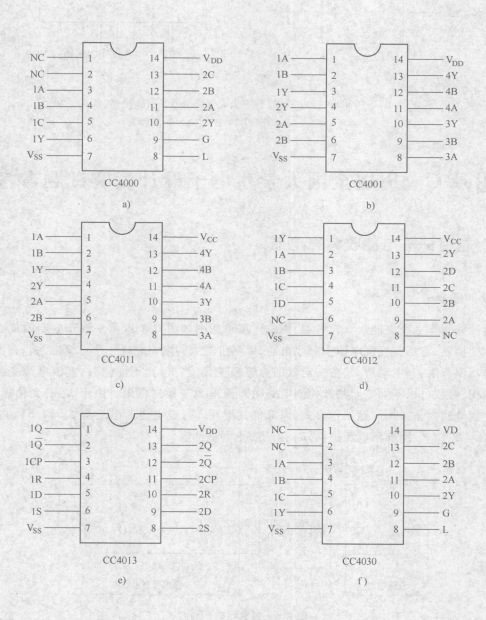

图 B.2　CMOS(4000 系列)数字集成电路型号及引脚排列

a)三端输入双端或非门加反相器　b)4-2 输入端或非门　c)4-2 输入端与非门　d)2-4 输入端与非门

e)双 D 触发器　f)四异或门

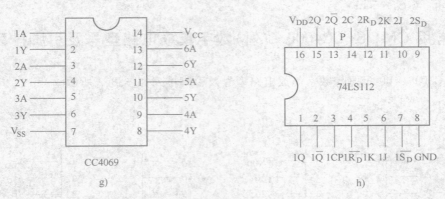

图 B.2 CMOS(4000 系列)数字集成电路型号及引脚排列(续)

g)六反相器 h)双上升沿 JK 触发器(有预置、清除端)

附录 C 历届全国大学生电子设计竞赛试题参考

C.1 题目——电能收集充电器

C.1.1 任务

设计并制作一个电能收集充电器,测试原理示意图如图 C.1 所示。该充电器的核心为直流电源变换器,它从一直流电源中吸收电能,以尽可能大的电流充入一个可充电池。直流电源的输出功率有限,其电动势 E_s 在一定范围内缓慢变化,当 E_s 为不同值时,直流电源变换器的电路结构、参数可以不同。监测和控制电路由直流电源变换器供电。由于 E_s 的变化极慢,监测和控制电路应该采用间歇工作方式,以降低其能耗。可充电池的电动势 E_c = 3.6V,内阻 R_c = 0.1Ω。E_s 和 E_c 用稳压电源提供,R_d 用于防止电流倒灌。

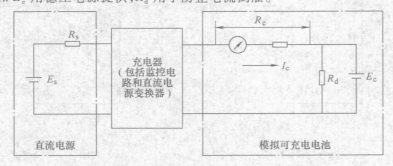

图 C.1 测试原理示意图

C.1.2 要求

(1)基本要求

1)在 $R_s = 100\Omega$，$E_s = 10 \sim 20V$ 时，充电电流 I_c 大于 $(E_s - E_c)/(R_s + R_c)$。

2)在 $R_s = 100\Omega$ 时，能向电池充电的 E_s 尽可能低。

3)E_s 从 0 逐渐升高时，能自动启动充电功能的 E_s 尽可能低。

4)E_s 降低到不能向电池充电，最低至 0 时，尽量降低电池放电电流。

5)监测和控制电路工作间歇设定范围为 $0.1 \sim 5s$。

（2）发挥部分

1)在 $R_s = 1\Omega$，$E_s = 1.2 \sim 3.6V$ 时，以尽可能大的电流向电池充电。

2)能向电池充电的 E_s 尽可能低。当 $E_s \geqslant 1.1V$ 时，取 $R_s = 1\Omega$；当 $E_s < 1.1V$ 时，取 $R_s = 0.1\Omega$。

3)电池完全放电，E_s 从 0 逐渐升高时，能自动启动充电功能（充电输出端开路电压大于 3.6V，短路电流大于 0）的 E_s 尽可能低。当 $E_s \geqslant 1.1V$ 时，取 $R_s = 1\Omega$；当 $E_s < 1.1V$ 时，取 $R_s = 0.1\Omega$。

4)降低成本。

5)其他。

C.1.3　评分标准

表 C.1　电能收集充电器评分标准

	项　目	主要内容	满分
设计报告	系统方案	电源变换及控制方法实现方案	5
	理论分析与计算	提高效率方法的分析及计算	7
	电路与程序设计	电路设计与参数计算 启动电路设计与参数计算 设定电路的设计	10
	测试结果	测试数据完整性 测试结果分析	3
	设计报告结构及规范性	摘要、设计报告正文的结构 图表的规范性	5
	总分		30
基本要求	实际制作完成情况		50
发挥部分	完成1)		30
	完成2)		5
	完成3)		5
	完成4)		5
	其他		5
	总分		50

C.1.4　说明

（1）测试最低可充电 E_s 的方法：逐渐降低 E_s，直到充电电流 I_c 略大于 0。当 E_s 高于 3.6V

时,R_s 为 100Ω;E_s 低于 3.6V 时,更换 R_s 为 1Ω;E_s 降低到 1.1V 以下时,更换 R_s 为 0.1Ω。然后继续降低 E_s,直到满足要求。

（2）测试自动启动充电功能的方法:从 0 开始逐渐升高 E_s,R_s 为 0.1Ω;当 E_s 升高到高于 1.1V 时,更换 R_s 为 1Ω。然后继续升高 E_s,直到满足要求。

C.2 题目——数字幅频均衡功率放大器

C.2.1 任务

设计并制作一个数字幅频均衡功率放大器。该放大器包括前置放大、带阻网络、数字幅频均衡和低频功率放大电路,其组成框图如图 C.2 所示。

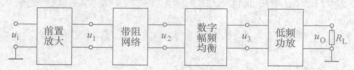

图 C.2 数字幅频均衡功率放大器组成框图

C.2.2 要求

（1）基本要求

1）前置放大电路要求:小信号电压放大倍数不小于 400 倍（输入正弦信号电压有效值小于 10mV）;−1dB 通频带为 20Hz ~ 20kHz;输出电阻为 600Ω。

2）制作带阻网络对前置放大电路输出信号 u_1 进行滤波,以 10kHz 时输出信号 u_2 电压幅度为基准,要求最大衰减不小于 10dB。带阻网络具体电路见题目说明 1）。

3）应用数字信号处理技术,制作数字幅频均衡电路,对带阻网络输出的 20Hz ~ 20kHz 信号进行幅频均衡。要求:输入电阻为 600Ω;经过数字幅频均衡处理后,以 10kHz 时输出信号 u_3 电压幅度为基准,通频带 20Hz ~ 20kHz 内的电压幅度波动在 1.5dB 以内。

（2）发挥部分

制作功率放大电路,对数字均衡后的输出信号 u_3 进行功率放大,要求末级功放管采用分立的大功率 MOS 晶体管。

1）当输入正弦信号 v_i 电压有效值为 5mV、功率放大器接 8Ω 电阻负载（一端接地）时,要求输出功率不小于 10W,输出电压波形无明显失真。

2）功率放大电路的 −3dB 通频带为 20Hz ~ 20kHz。

3）功率放大电路的效率不小于 60%。

4）其他。

C.2.3 说明

1）题目基本要求中的带阻网络如图 C.3 所示。图中元件值是标称值,不是实际值,对精度不作要求,电容必须采用铝电解电容。

2）本题中前置放大电路电压放大倍数是在输入信号 u_i 电压有效值为 5mV 的条件下测试的。

3）题目发挥部分中的功率放大电路不得使用 MOS 集成功率模块。

4）本题中功率放大电路的效率定义为:功率放大电路输出功率与其直流电源供给功率之比,电路中应预留测试端子,以便测试直流电源供给功率。

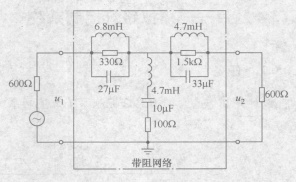

图 C.3　带阻网络

5）设计报告正文中应包括系统总体框图、核心电路原理图、主要流程图、主要的测试结果。完整的电路原理图、重要的源程序用附件给出。

C.2.4　评分标准

数字幅频均衡功率放大器评分标准如表 C.2 所示。

表 C.2　数字幅频均衡功率放大器评分标准

	项目	主要内容	满分
设计报告	系统方案	总体方案设计	6
	理论分析与设计	前置放大电路设计 功率放大电路设计 数字幅频均衡电路设计 数字处理算法设计	12
	电路与程序设计	总体电路 工作流程	4
	测试方案与测试结果	调试方法与仪器 测试数据完整性 测试结果分析	5
	设计报告结构及规范性	摘要 设计报告正文的结构 图表的规范性	3
	总分		30
基本要求	实际制作完成情况		50
发挥部分	完成1）		13
	完成2）		12
	完成3）		20
	其他		5
	总分		50

C.3 题目——模拟路灯控制系统

C.3.1 任务

设计并制作一套模拟路灯控制系统。控制系统结构如图 C.4 所示,路灯布置如图 C.5 所示。

图 C.4 路灯控制系统结构

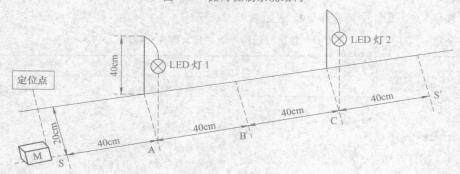

图 C.5 路灯布置示意图

C.3.2 要求

(1)基本要求

1)支路控制器有时钟功能,能设定、显示开关灯时间,并控制整条支路按时开灯和关灯。

2)支路控制器应能根据环境明暗变化,自动开灯和关灯。

3)支路控制器应能根据交通情况自动调节亮灯状态:当可移动物体 M(在物体前端标出定位点,由定位点确定物体位置)由左至右到达 S 点时(见图 C.5),路灯 1 亮;当物体 M 到达 B 点时,路灯 1 灭,路灯 2 亮;若物体 M 由右至左移动时,则亮灯次序与上相反。

4)支路控制器能分别独立控制每只路灯的开灯和关灯时间。

5)当路灯出现故障时(路灯不亮),支路控制器应发出声光报警信号,并显示有故障路灯的地址编号。

(2)发挥部分

1)自制单元控制器中的 LED 灯恒流驱动电源。

2)单元控制器具有调光功能,路灯驱动电源输出功率能在规定时间按设定要求自动减小,该功率应能在 20%～100%范围内设定并调节,调节误差不大于 2%。

3)其他(性价比等)。

C.3.3　说明

1)光源采用 1 W 的 LED 灯,LED 的类型不作限定。

2)自制的 LED 驱动电源不得使用产品模块。

3)自制的 LED 驱动电源输出端需留有电流、电压测量点。

4)系统中不得采用接触式传感器。

5)基本要求 3)需测定可移动物体 M 上定位点与过"亮灯状态变换点"(S、B、S等点)垂线间的距离,要求该距离不大于 2cm。

C.3.4　评分标准

模拟路灯控制系统评分标准如表 C.3 所示。

表 C.3　模拟路灯控制系统评分标准

	项目		满分
设计报告	方案比较与论证	方案描述 比较与论证	5
	理论分析与设计	单元设计 系统设计	5
	电路图和设计文件	完整性 规范性	5
	测试数据与分析	系统测试 结果分析	5
	总分		20
基本要求	实际制作完成情况		50
发挥部分	完成 1)		15
	完成 2)		25
	其他		10
	总分		50

参 考 文 献

[1] 陈光明,施金鸿,桂金链.电子技术课程设计与综合实训[M].北京:北京航空航天大学出版社,2007.

[2] 吴俊芹.电子技术实训与课程设计[M].北京:机械工业出版社,2009.

[3] 刘建成,严婕.电子技术实验与设计教程[M].北京:电子工业出版社,2007.

[4] 陈大钦.电子技术基础实验[M].2版.北京:高等教育出版社,2000.

[5] 王小海,蔡忠法.电子技术基础实验教程[M].北京:高等教育出版社,2005.

[6] 朱锡仁.电路与设备测试检修技术及仪器[M].北京:清华大学出版社,1997.

[7] 宋晓彬,等.印刷电路设计标准手册[M].北京:宇航出版社,1993.